クールルーフとは

クールルーフとは、屋根の日射反射性能を高めたり、屋上緑化・保水性材料などによる水分蒸発時の冷却効果を利用したりして、屋根の温度を低くする技術です。屋根の温度が低くなれば、室内に流入する熱（貫流熱）が小さくなり冷房負荷が削減されるとともに、ヒートアイランドの原因となる都市大気の温度を上げる熱（顕熱）も小さくなります。

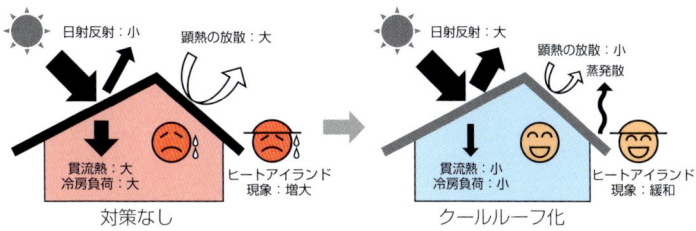

1 高反射率化技術

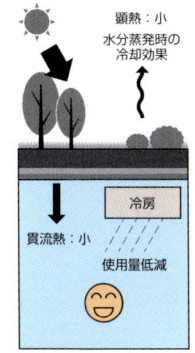

2 緑化技術

3 蒸発利用技術

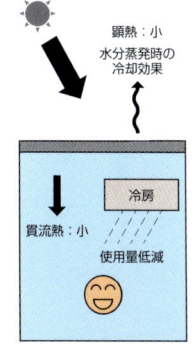

事務所用建物（折板屋根）への適用事例（本文 p.24）

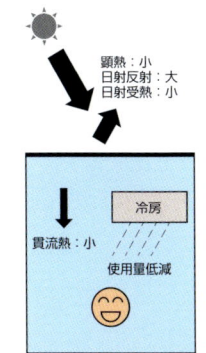

塗装前  → 塗装後

六本木ヒルズの屋上緑化（芝生・樹木・水田）。水田では、地域の子どもたちが田植え、収穫するイベントも開催。

港区立港南小学校の屋上への適用事例。児童の熱ストレスを軽減。（本文 p.85）

日野市立東光寺小学校の校庭の芝生化

高反射率化技術の効果

夏期実測による効果検証

東京都市大学8号館屋上に一般塗料および高反射率塗料を塗布
測定期間：2005年8月1日～24日
屋外温熱環境と最上階の室内温熱環境の測定

屋外温熱環境測定風景 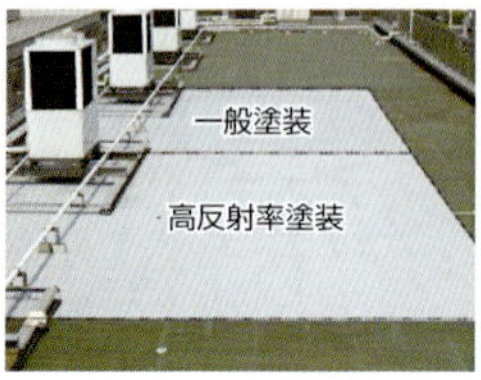　　各塗料の配置 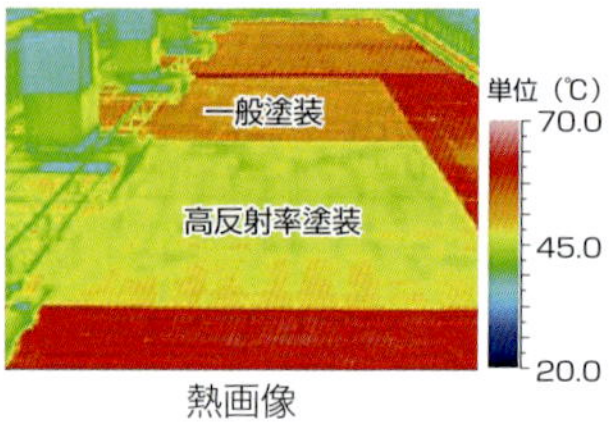　　熱画像（夏期、12:00）

熱画像で見る効果

● 集合住宅のコンクリート屋根での事例 (本文 p.28)

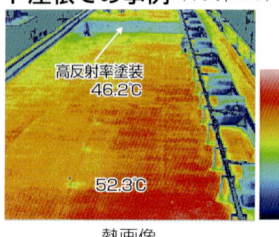

写真　　　　　　熱画像

● 国立代々木競技場第一体育館

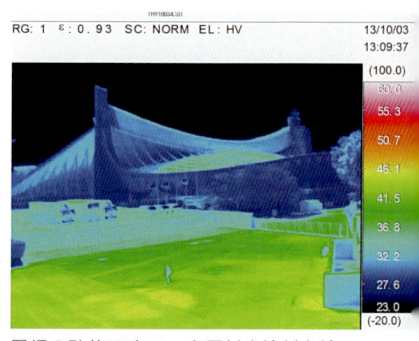

屋根の改修工事で、高反射率塗料を塗布。写真（左）と熱画像（右）。
2013年10月3日13時頃。

体育館と明治神宮の森。高反射率塗料が塗布された建物と緑化部分は温度が低い。
写真（左）と熱画像（右）。
2013年10月3日13時頃。

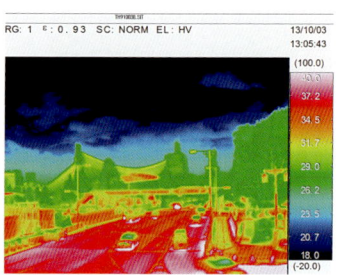

● 東京駅八重洲グランルーフ

「光の帆」をモチーフにした白い屋根の下は温度が低い。
写真（左）と熱画像（右）。
2013年10月3日14時頃。

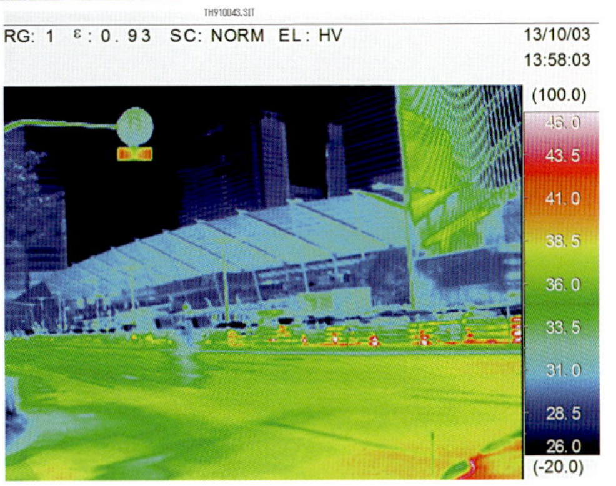

● パシフィコ横浜会議センターの屋上

中央部の屋上緑化と右側の高反射率塗装との組み合わせ。
写真（左）と熱画像（右）。
緑化部分と塗装部分の温度は同程度に保たれている。
2013年10月3日11時30分頃。

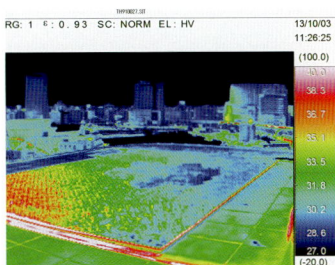

● 学校のエコ改修における高反射率防水シートの適用事例 (本文 p.39)

改修をした棟と未改修棟の屋上表面温度の比較

改修工事後の建物外観

写真　　　　熱画像

緑化技術の効果

●屋上ハーブガーデン （本文 p.54）

屋上を彩る植物たち

シマヒイラギ

シモツケ

スカーレットセージ 　ヘリオトロープ

屋上緑化俯瞰写真

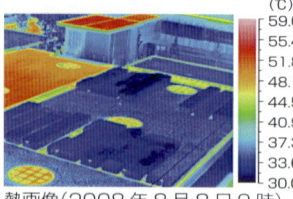
熱画像（2008年8月8日9時）

●ステップガーデン （アクロス福岡、本文 p.48）

混植手法による南面全面階段状緑化

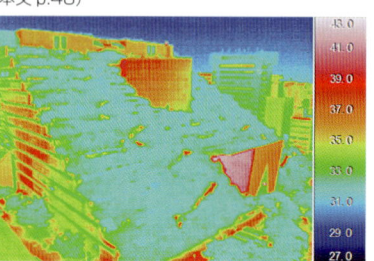
熱画像（2010年8月18日16時）

●日本最古の屋上緑化 （朝倉彫塑館、本文 p.50）

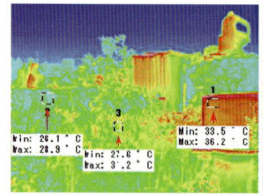

赤やピンクのバラが咲き、彫刻が佇む屋上庭園（左）と、その熱画像（右）。植物がある場所は低温に保たれ、都心のクールスポット、来園者の憩い空間になっている。

●障害者施設の屋上に広がるブルーベリー農園 （森の工房 AMA、本文 p.52）

森の工房 AMA 全景

春の屋上庭園

紅葉したブルーベリー（12月）

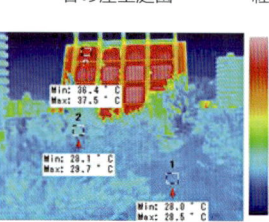
熱画像（2008年9月17日13時）。緑化部分は低温に保たれている。

全景

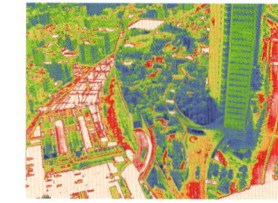
熱画像。緑化部は低温となっている。2011年8月31日12時。

● **巨大屋上庭園** （なんばパークス、本文 p.56）

樹木のほか、花壇や池など、変化に富み、生物相も豊か。

順調に育ち行く樹木

2004年8月　2011年8月　2004年8月　2011年8月

木々に囲まれたカフェは、憩いの場となる

● **巨大な壁面緑化** （日野市立日野第一中学校、本文 p.62）

校舎南側のモミジヒルガオを用いた50mにわたる緑のカーテン

緑のカーテン脇からの写真（上）と熱画像（下）。2011年8月7日、13時。

● **路面電車の軌道緑化** （広島電鉄宇品線、本文 p.76）

14時

19時

軌道緑化専用パネルを用いた緑化。右は路面の熱画像。緑化部は非緑化部に比べ表面温度が低く、特に夜間に顕著であった。

蒸発利用技術の効果

●保水性ブロック舗装の屋上への適用 (本文 p.88)

施工写真

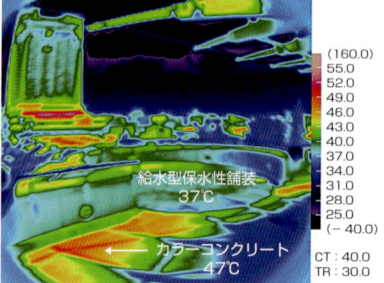

昼 2003年8月22日12時
給水型保水性舗装 37℃
カラーコンクリート 47℃

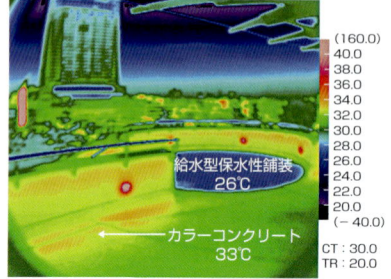

夜 2003年8月22日19時30分
給水型保水性舗装 26℃
カラーコンクリート 33℃

熱画像の比較。蒸発冷却の効果が明らか。

●流水型水盤による散水システム (本文 p.94)

水盤の外観

熱画像。水盤上の温度は、給水前（左）より給水後（右）のほうが低い。

●保水性パネル外壁（給水型）(本文 p.96)

保水性パネル外壁の外観

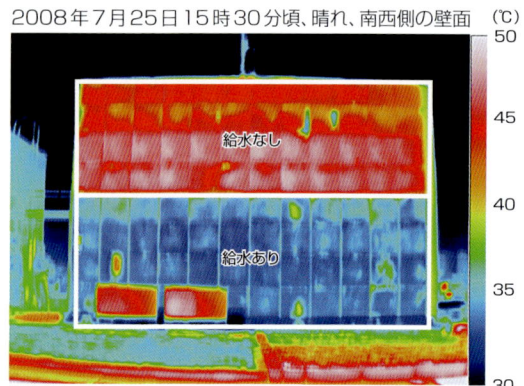

2008年7月25日15時30分頃、晴れ、南西側の壁面
熱画像。給水の効果がわかる。

クールペイブメント＝クールルーフ技術を適用した舗装

●東京都内の構内道路への適用 （本文 p.30）

実測日：2006年8月31日6時～9月1日6時
（天候：晴れ）
24時間熱画像から、高反射率舗装と通常舗装の温度差が明らか。

写真／熱画像

●渋谷駅前交差点

交差点内：高反射率舗装は灰色、通常舗装は黒色あるいは赤褐色

写真（日中）／熱画像（日中）
通常舗装 56.3℃
高反射率舗装 46.3℃

写真（夜間）／熱画像（夜間）
高反射率舗装 35.1℃
通常舗装 38.1℃

芝生化駐車場 （本文 p.68）

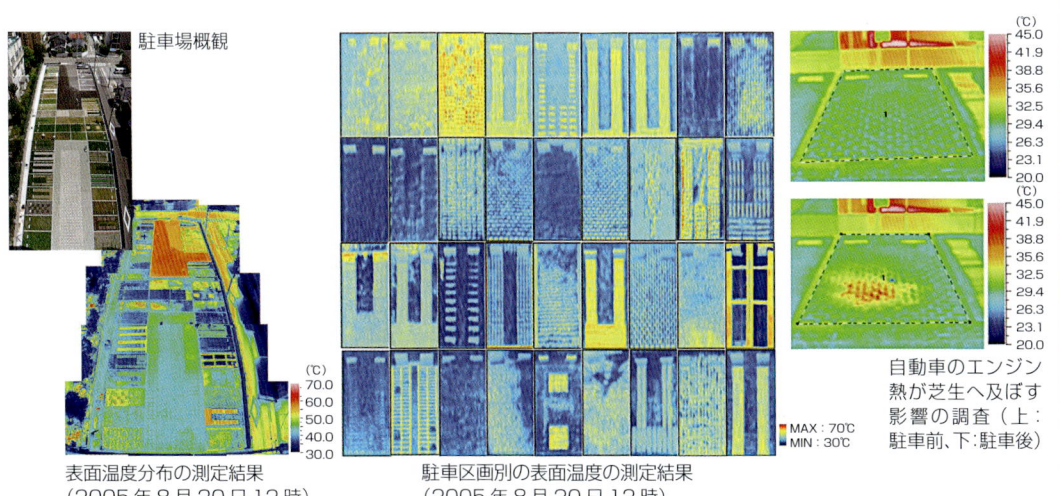

駐車場概観

表面温度分布の測定結果
（2005年8月20日12時）

駐車区画別の表面温度の測定結果
（2005年8月20日12時）

自動車のエンジン熱が芝生へ及ぼす影響の調査（上：駐車前、下：駐車後）

様々な都市表面

● ヘリコプターから撮影した東京駅丸の内付近（2009年8月25日13時）

 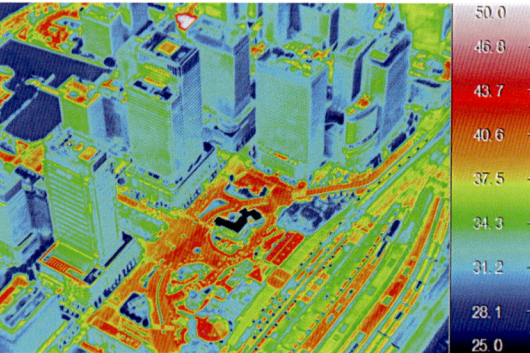

熱画像（右）から、屋上緑化や保水性舗装の部分は、温度が低く保たれている。

海外における伝統的なクールルーフ

エーゲ海に浮かぶギリシャ・サントリーニ島。サントリーニ島の家々は屋根だけでなく、壁やテラス、階段までもが白い塗料で仕上げられている。これらの白い壁は強い夏期の日差しを反射して建物の日射熱吸収を低減させ、室温の上昇を抑制する効果がある。

クールルーフガイドブック

COOLROOF GUIDEBOOK

――都市を冷やす技術――

日本建築学会 ◉編

地人書館

本書作成関係委員 (2013年12月)
― (敬称略) ―

環境工学委員会
　　委員長　　田辺　新一
　　幹　事　　羽山　広文　　村上　公哉　　中野　淳太
　　委　員　　（省略）

企画刊行運営委員会
　　主　査　　佐土原　聡
　　幹　事　　飯塚　悟　　田中　貴宏
　　委　員　　（省略）

クールルーフガイドブック小委員会
　　主　査　　近藤　靖史
　　幹　事　　竹林　英樹　　橋田　祥子
　　委　員　　赤川　宏幸　　梅田　和彦　　酒井　孝司　　西岡　真稔
　　　　　　　三木　勝夫　　三坂　育正　　村田　泰孝　　森山　正和
　　　　　　　吉田　篤正

協力委員
　　　　　　　成田　健一　　森山　正和

執 筆 委 員

　　第1章　　近藤　靖史　　竹林　英樹　　吉田　篤正

　　第2章　　酒井　孝司　　田坂　太一　　三木　勝夫　　三坂　育正
　　　　　　　村田　泰孝

　　第3章　　赤川　宏幸　　梅田　和彦　　竹林　英樹　　橋田　祥子
　　　　　　　藤田　茂　　　三坂　育正

　　第4章　　赤川　宏幸　　梅田　和彦　　三坂　育正

　　第5章　　近藤　靖史　　竹林　英樹

　　第6章　　赤川　宏幸　　梅田　和彦　　酒井　孝司　　西岡　真稔
　　　　　　　橋田　祥子　　三坂　育正　　村田　泰孝

はじめに
――ガイドブック作成の目的と利用方法――

　本ガイドブックで説明する「クールルーフ」とは、建物の屋根の温度を低くする技術、あるいは、その技術を適用した屋根を意味します。また、屋根の温度を低くする方法としては、屋根表面の日射反射率を高める技術や、屋上緑化や保水性建材などにより水分蒸発時の冷却効果を利用する技術が挙げられます。このような技術はヒートアイランド緩和や省エネルギー・室内快適性向上に寄与し得ることが認められ、国内外で普及しつつある状況です。本ガイドブックは、このようなクールルーフの普及を適正に推進させることを意図して作成したものです。特に、クールルーフにはヒートアイランド緩和という社会的に見た便益（パブリックベネフィットと呼ぶ）と、省エネルギー・室内快適性向上という個人的な便益（プライベートベネフィットと呼ぶ）の二つの面があり、両者の観点から適正な普及を進めることが重要であると考えます。

　ところで、クールルーフ関連の研究者・専門家ではない一般の人が、市販されている高反射率塗料を適用しようとする場合や屋上を緑化しようとする場合、その効果をイメージでとらえることが多いと予想されます。製品のカタログに書かれたことを読み、あるいはメーカー担当者・施工業者などからその効用の説明を受け、その技術を適用するかどうかを判断することになるのが一般的ですが、必ずしも十分な情報が得られるわけではありません。例えば、省エネルギーの観点を重視してある技術を適用しようとした場合、夏期には有効な技術でも、冬期には逆効果になることがあり、年間を通じて見ると消費エネルギーが増える場合があるので注意が必要です。また、専門用語やデータの読み取り方がわからないために、どの技術を選択したらよいのか判断できず、迷ってしまうこともあるでしょう。

　そこで、本ガイドブックでは、これまでの研究者・専門家の研究成果を一般の方にもわかりやすく整理し、各技術の効果・留意点などを紹介します。さらに、製品カタログに記載されていたり、メーカー担当者から語られたりする専門用語にも解説を加えました。そして、これまでに様々な建物や道路等で実施されたクールルーフ事例の中から良好な適用事例と、その測定結果を紹介しています。一般の方には、各技術の効果と留意点を知っていただいたうえで、豊富な事例から効果の程度を比較検討し、現在、クールルーフ化を検討している建物等での技術選択に役立てていただきたいと思います。

　また、建物の設計者・管理者などのように、重要な意思決定を行う立場にあり、適正な判断をする必要がある人を想定し、本ガイドブックでは各技術の評価方法と簡易評価ツールを提供しました。技術によっては評価方法が多様な場合がありますが、本

ガイドブックでは設計者・管理者に使用していただくことを意図して、簡易なものを紹介することとしました。ただし、簡易な評価ツールであるとはいえ、評価するうえで各技術の特性を表す値（物性値など）が必要であるため、これについても説明を加えました。

　前述のように、本ガイドブックはクールルーフの適正な利用を推進することを意図して作成したものです。すなわち、適正でない事例が今後多くならないようにしたいという気持ちも現れています。その土地の気象条件、適用する建物用途などを十分考慮した適材適所のクールルーフ技術の適用が望ましいですが、必ずしもそうなっていない事例もあります。

　なお、本ガイドブックでは建物の屋根を主な対象としていますが、技術によっては建物敷地内の外構や舗装などを含めています。これらは主にヒートアイランド緩和に有効であり、クールルーフと同様な原理を利用した技術ですので、対象としました。また、建物の壁面を対象とした技術については、緑化技術には含めていますが、高反射率化技術には含めていません。これは壁面の日射反射率を上げると、歩行者は壁面からの反射日射を多く受け、都市街路での温熱環境は逆に悪くなる可能性があるためです。

　本書が、クールルーフの適正利用推進に役立ち、パブリック、プライベート両面での効果を上げる一助となることを期待しています。

日本建築学会　クールルーフガイドブック小委員会

『クールルーフガイドブック』の刊行に寄せて

　本書ではクールルーフに関する技術を、高反射率塗料などの「高反射率化技術」、屋上緑化などの「緑化技術」、保水性建材などの「蒸発利用技術」の三つに分類して解説している。緑化技術の中でも屋上緑化は注目されてかなり古い歴史を持つが、他の二つの技術が社会的に注目されたのはこの10年程度の比較的最近のことである。

　アメリカのローレンス・バークレー国立研究所で活躍されていたハシェム・アクバリ博士（現在、カナダのコンコルディア大学教授）は、1990年頃、研究所にヒートアイランドグループを立ち上げた。ヒートアイランドグループの主要な研究にクールルーフを位置づけ、その目的にはヒートアイランド対策とともに省エネルギー対策があった。アクバリ博士との交流を契機に、日本建築学会環境工学委員会にクールルーフに関する委員会を立ち上げたのが2002年であった。また、2006年頃には三木勝夫氏（三木コーティング・デザイン事務所）が、故松尾陽先生（東京大学名誉教授）とともに日射反射率測定における二点校正法に関する研究会を主宰され、現場における精度の高い日射反射率の測定が行われるようになった。

　ところで、2011年3月11日の東日本大震災における福島第一原子力発電所の事故は、日本のエネルギー環境を再考させ、省エネルギーが将来にわたって目指すべき重要な方向性であることを改めて確信させた。クールルーフの目指すところは主に、ヒートアイランド対策と省エネルギー対策である。地球温暖化の現実的な影響が懸念される中で、今後のヒートアイランド対策、省エネルギー対策を考えると、本書のような専門的で、かつ、わかりやすい解説書が生まれたことは、それらの対策を推進する社会的重要性から見ても大変意義の深いことである。

　クールルーフ技術には再帰性反射などのさらに発展途上の課題も存在するが、上記のように本書は10年以上にわたる研究活動の成果であり、この時期にまとめて一区切りつける意味もある。それと同時に、執筆者各位の広く社会にこの技術を誤解なく適切に普及させたいという情熱により生まれたものである。ヒートアイランド対策や省エネルギー対策に携わっておられる方々、また、そのようなテーマに関心を持たれている方々には、ぜひ手に取ってご一読いただければと切に願う次第である。

2014年1月

（森山正和）

クールルーフガイドブック
都市を冷やす技術
● 目次 CONTENTS

本書作成関係委員　ii

はじめに ―ガイドブック作成の目的と利用方法―　iii

『クールルーフガイドブック』の刊行に寄せて　v

第1章　ヒートアイランド現象とクールルーフ

- 1.1　クールルーフの概要　2
- 1.2　都市の表面性状とヒートアイランド　3
- 1.3　パブリックベネフィットとプライベートベネフィット　6
- 1.4　パブリックベネフィットとプライベートベネフィットの簡易評価ツール　9
  - 1.4.1　パブリックベネフィット簡易評価ツールの概要　9
  - 1.4.2　プライベートベネフィット簡易評価ツールの概要　11

第2章　高反射率化技術（高反射率塗料、高反射率シート等）の概要と適用事例

- 2.1　高反射率化技術の概要　16
- 2.2　期待される効果と留意点　17
  - 2.2.1　高反射率化の効果　17
  - 2.2.2　高反射率化の留意点　17
    - （1）反射した日射への配慮　17
    - （2）暖房負荷への影響　17
    - （3）日射反射率の低下への配慮　18
    - （4）高反射率塗料の施工について　18
    - （5）コスト、耐久性など　18
- 2.3　高反射率塗料の市場動向　19
  - 2.3.1　公的支援制度　19
  - 2.3.2　普及状況　20
  - 2.3.3　施工価格　21

● 目次

  2.3.4 今後の動向 21

2.4 高反射率化技術の適用事例 22

  高反射率塗料1 折板屋根 事務所用途建物への適用事例① 22
  高反射率塗料2 折板屋根 事務所用途建物への適用事例② 24
  高反射率塗料3 コンクリート屋根 小学校（廃校）における評価事例 26
  高反射率塗料4 コンクリート屋根 集合住宅の評価事例 28
  高反射率舗装1 工場内道路での評価事例 30
  高反射率舗装2 市道における評価事例 32
  高反射率膜1 大学屋上への設置事例 34
  高反射率膜2 戸建住宅への設置事例 34
  高反射率膜3 壁面への設置事例 35
  高反射率膜4 体育館への適用事例 35
  高反射率膜5 鉄道プラットホームへの適用事例 36
  高反射率膜6 ショッピングモールへの適用事例 37
  高反射率膜7 空港施設の歩道への適用事例 37
  高反射率防水シート1 事務所の改修工事での適用事例 38
  高反射率防水シート2 学校のエコ改修での適用事例 39

第3章 緑化技術（屋上緑化、壁面緑化、外構緑化等）の概要と適用事例

3.1 期待される効果と留意点 42

  3.1.1 都市緑化の効果 42
  3.1.2 都市緑化の留意点 43
   （1）コスト・管理に関する課題 43
   （2）建物緑化の荷重に関する技術的課題 44
   （3）その他の課題 44

3.2 建物緑化の技術動向 45

  3.2.1 建物緑化技術の現状 45
  3.2.2 建物緑化に配慮した建築 45
   （1）屋上緑化の荷重は固定荷重で計画 45
   （2）パラペット（防水立ち上がり）、ルーフドレン 45
   （3）防根層、保護層を建築で行う 45
  3.2.3 建物緑化の工法・資材 45
   （1）緑化システム工法・資材 46
   （2）緑化用土壌（培地） 46

（3）灌水装置とその制御方法　46
　　　（4）壁面緑化　47
　　　（5）建物緑化の植物材料　47
　　3.2.4　新たに求められる緑化技術　47

3.3　緑化技術の適用事例　48
　屋上緑化1　ステップガーデンが山を形成　48
　屋上緑化2　築79年、日本最古の屋上緑化　50
　屋上緑化3　障害者施設の屋上に広がるブルーベリー農園　52
　屋上緑化4　300mのハーブガーデンが憩いの空間を演出　54
　屋上緑化5　再開発に伴う5,300m^{2}の巨大屋上庭園　56
　屋上緑化6　郷土種を植え、自然生態系に配慮　クリーンセンター　58
　屋上緑化7　改修工事により屋上庭園を実現　60
　壁面緑化1　幅50m！　巨大な壁面緑化で環境教育　62
　壁面緑化2　様々な緑のカーテンを測定により比較　64
　壁面緑化3　樹木の植栽を可能とした壁面緑化技術　66
　壁面緑化4　建材と一体化したつる植物による壁面緑化技術　67
　駐車場緑化1　各種工法の実証実験　68
　駐車場緑化2　様々な舗装効果を実大実験で検証　70
　校庭緑化1　雑木林を保全した学校林で環境教育　72
　校庭緑化2　地域の環境を保全する天然芝のグランド　74
　路面電車の軌道緑化　軌道沿線の環境改善に効果　76

第4章　蒸発利用技術（保水性舗装、保水性建材、建物散水、打ち水等）の概要と適用事例

4.1　蒸発利用技術の概要　78
4.2　期待される効果と留意点　78
　4.2.1　蒸発利用技術の効果　78
　4.2.2　蒸発利用技術の留意点　80
　　　（1）適用場所　80
　　　（2）維持管理　80
　　　（3）水源・給水量　80
　　　（4）散水・給水スケジュール　80

4.3　蒸発利用技術の市場動向　81
　4.3.1　保水性舗装の市場動向　81
　4.3.2　保水性建材の市場動向　82

●目次

　　（1）保水タイル・保水平板　82
　　（2）保水性石材・保水性粒状材料　82
　　（3）保水壁・保水ルーバー　82
　4.3.3　散水、流水技術の市場動向　82
　　（1）屋根散水　82
　　（2）水盤、打ち水　83
　　（3）光触媒、感温性ハイドロゲル等の活用　83

4.4　蒸発利用技術の適用事例
　保水性舗装1　ブロック舗装（給水型）　集合住宅の外構・歩道　84
　保水性舗装2　ブロック舗装（給水型）　小学校・屋上　85
　保水性舗装3　ブロック舗装　公園・園路　86
　保水性舗装4　ブロック舗装（給水型）　屋上庭園の園路　88
　保水性舗装5　アスファルト舗装　車道　90
　散水1　膜構造屋根散水システム　大学体育館　92
　散水2　流水型水盤による散水システム　94
　保水性外壁　パネル外壁（給水型）　雨水利用・太陽光発電・リサイクル材料の総合技術　96

第5章　クールルーフの性能評価方法
5.1　パブリックベネフィットの評価方法　98
　5.1.1　評価方法の概要　98
　5.1.2　表面熱収支モデルによる顕熱と表面温度の簡易評価　99
　5.1.3　ヒートアイランド緩和効果、外部空間の温熱快適性の簡易評価　101
　5.1.4　測定によるヒートアイランド緩和効果、外部空間の温熱快適性の評価　102

5.2　プライベートベネフィットの評価方法　104
　5.2.1　戸建住宅におけるプライベートベネフィットの簡易評価ツール　104
　5.2.2　体育館におけるプライベートベネフィットの簡易評価ツール　107
　5.2.3　実測によるプライベートベネフィットの評価　110

第6章　性能評価のための物性値、パラメータの測定方法
6.1　高反射率化技術に関する測定方法　112
　6.1.1　日射反射率の測定方法　112
　　（1）日射計を用いて測定する方法　112
　　（2）表面温度を測定し、日射反射率を算出する方法　114
　6.1.2　放射率の測定方法　115
　　（1）放射温度計を用いる方法　115

（2）赤外分光光度計を用いる方法　115

6.2　緑化技術に関する測定方法　116

　6.2.1　日射反射率・透過率の測定方法　116
　6.2.2　土壌・基盤材料の熱伝導率・熱容量の測定方法　116
　6.2.3　蒸発散特性（蒸発散速度、蒸発効率）の測定方法　117
　　（1）重量法　117
　　（2）熱収支残差法　118
　　（3）SAT 計法　118
　　（4）土壌水分率計による方法　118
　　（5）樹木の蒸散量の推定方法　119
　6.2.4　その他の効果の評価方法　119
　　（1）熱環境緩和効果の測定方法（快適性評価）　119
　　（2）夜間における冷気のにじみ出し、冷気流の発生に関する評価方法　120

6.3　蒸発利用技術に関する測定方法　120

　6.3.1　蒸発特性（蒸発速度、蒸発効率）の測定方法　120
　　（1）重量法　120
　　（2）熱収支残差法　121
　　（3）ろ紙法　121
　6.3.2　熱・水分特性値の測定方法　121
　　（1）熱伝導率、比熱の測定方法　121
　　（2）表面温度の測定法法　121
　　（3）保水性能の測定方法　121
　6.3.3　日射反射率の測定方法　122
　6.3.4　暑熱環境緩和効果の測定方法　122
　6.3.5　保水性ブロック舗装の蒸発性能評価方法　122
　　（1）蒸発性能評価方法の比較　123
　　（2）インターロッキング舗装ブロックの蒸発性能試験方法　123

おわりに　125

索引　127

口絵写真提供者一覧　134

執筆者一覧　135

第1章

ヒートアイランド現象とクールルーフ

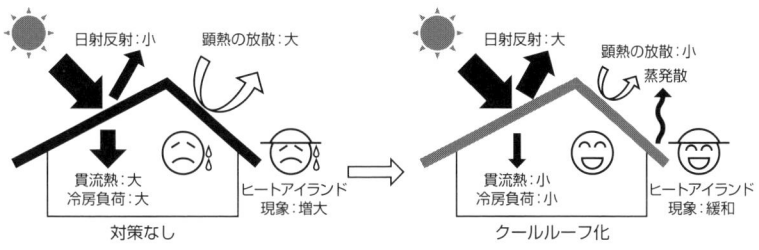

第1章 ヒートアイランド現象とクールルーフ

1.1 クールルーフの概要

　近年、都市における人工排熱の増加、舗装面や建築物の増加による都市被覆の変化、都市形態の変化による気流の弱風化などにより、都市の気温は上昇傾向にあります。その結果、都市の気温が都市周辺より高温となるヒートアイランド現象が引き起こされています。ヒートアイランド現象は、夏期における熱汚染であり、都市における生活の快適性を著しく損なうと共に、外気温の上昇により冷房負荷が増加し、建物冷房用消費エネルギーの増大を招きます。また、消費エネルギー増大により、人工排熱量が増大するため、都市の気温をより一層上昇させるという悪循環を形成します。

　このようなヒートアイランド現象を抑制する手法として、以下が挙げられます。すなわち、都市被覆の日射反射率を上げ、昼間において建物躯体や道路への蓄熱を抑えることができる高反射率塗料などの屋根面・舗装面への適用や、日射熱を蒸発潜熱に変化させて顕熱を削減することができる緑化や保水性材料の使用、建物配置等を考慮して川風・海風を積極的に取り入れるなどの対策です。

　これらの対策のうち、日射反射率の向上技術(高反射率化技術)や蒸発潜熱を利用した技術を適用した屋根を「クールルーフ(cool roof)」と呼んでいます(図1-1)。また、これらの技術を適用した舗装を「クールペイブメント(cool pavement)」と呼びます。

　温度の変化に伴って移動する熱を「顕熱」、湿度の変化に伴って移動する熱を「潜熱」と言います。都市大気の温度を上げるのは顕熱で、水分が蒸発するときに周囲から奪う熱は潜熱です。

　クールルーフは、最初、高反射率化技術を適用した屋根だけを指していましたが、近年研究が進み、考え方も多様化してきました。現状における主な技術としては、次の三つが挙げられます(図1-2)。

(1)高反射率塗料の塗布などにより、建物屋根面の日射反射率を上げ、屋根の日射吸収量を低減し、都市大気の温度を上げる屋根面での顕熱を削減する。

(2)屋上緑化などにより、屋根面で吸収した日射熱を蒸発潜熱に変えて、都市大気の温度を上げる屋根面での顕熱を削減する。

(3)屋根に保水性建材などを用いて、屋根面で吸収した日射熱を蒸発潜熱に変えて、都市大気の温度を上げる屋根面での顕熱を削減する。

(1)の高反射率化技術は第2章で、(2)の緑化技術

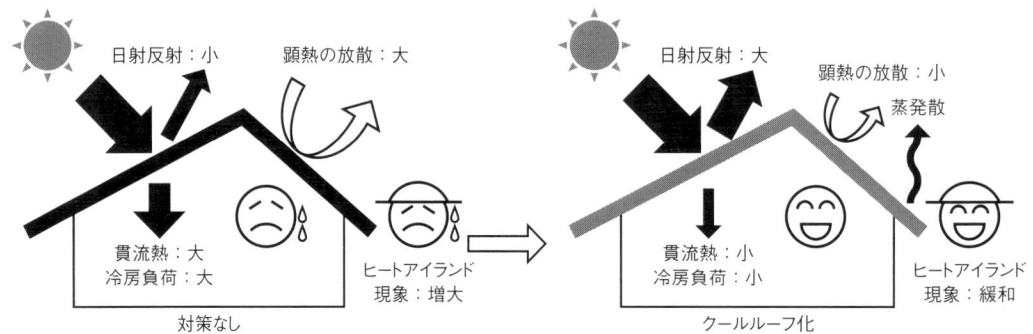

図1-1　クールルーフとは

1.2　都市の表面性状とヒートアイランド

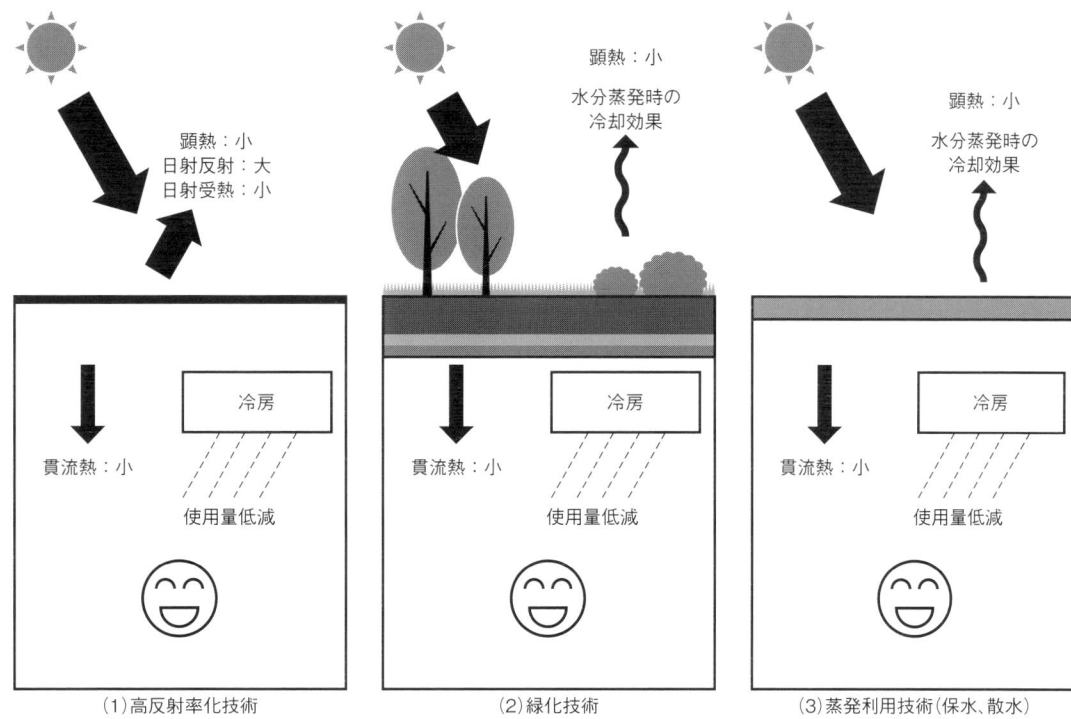

図1-2　クールルーフの三つの技術とその効果

は第3章で、(3)の保水や散水などの蒸発利用技術は第4章で、それぞれ詳しく取り上げますが、いずれも、ヒートアイランド現象を緩和する効果がある技術として期待されています。

クールルーフの二次的な効果として、夏期の気温低下が光化学スモッグの減少につながると考えられています。また、クールルーフ化により、1日の表面温度の変動が小さくなるため、屋根材料の劣化が小さくなるといった利点も考えられます。

一方、それぞれの技術には欠点もあるため、メリット・デメリットを比較しながら、次節で詳しく取り上げます。

1.2 都市の表面性状とヒートアイランド

図1-3は東京23区の顕熱（都市大気の温度を上昇させる熱）の発生状況の概要を示したものです。約半分は建物や自動車からの排出される熱ですが、残りは対流顕熱（自然状態からの増分）です。この対流顕熱（自然状態からの増分）とは、緑地・水面などの自然な土地被覆状態に比べ、都市が建物や道路で覆われたことが原因となり、都市大気の温度を上昇させる熱量が増えたことを意味しています。すなわち、土地が建物・道路で覆われたことにより、コンクリートやアスファルトが日射熱を吸収し、その熱を蓄えてしまうというわけです。さらに、緑地や水面とは異なり、保水性がない状況となり、水分の蒸発による都市気温の緩和機能がなくなっています。

3

第1章 ヒートアイランド現象とクールルーフ

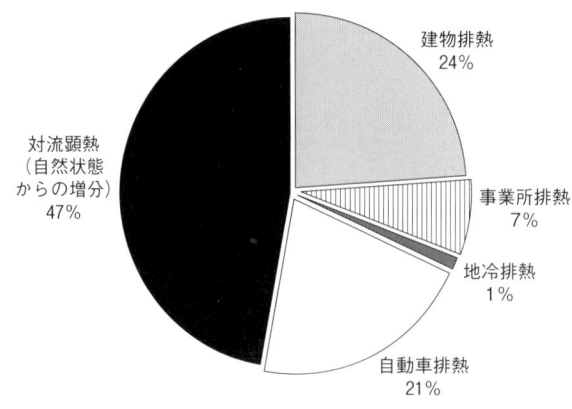

図1-3　東京23区　日平均顕熱状況 [1-1]

　この図が示唆することは、日射熱の吸収や蓄熱を抑えることと、保水性を高めることが、都市気温の上昇の緩和に有効であることです。

　ここでは、建物や道路等の都市表面を覆うもの（以下、都市被覆と呼びます）に着目したヒートアイランド対策技術について、各技術の特性を整理します。

　都市被覆を対象としたヒートアイランド対策技術を整理した結果を表1-1に示します[1-2]。この表では、都市被覆として以下の三つを対象としています。

(1)屋根・屋上
(2)壁面
(3)道路・舗装面・駐車場・広場など

また、対策として以下を挙げています。

(a)高反射率化
(b)緑化
(c)蒸発利用（保水、散水、打ち水）

　この表では「ヒートアイランド緩和効果」と「外部空間の温熱快適性」を分けています。これは前者が都市気温を低下させることを意味していますが、後者の「外部空間の温熱快適性」、すなわち「人の温熱感」は必ずしも気温だけで決まるものでなく、放射などの他の要素を考慮する必要があるため、これらを分けています。特に、外壁面や道路面を高反射率化しますと、反射日射によって暑く感じる場合があることに留意すべきです。

　また、補足事項として、その他の特徴と配慮事項を併せて示しています。屋上緑化の維持管理、高反射率化の性能劣化（日射反射率の経年変化）などは、適用の際の重要な配慮事項です。屋上緑化には、景観、集客、都市洪水の緩和など数多くの特徴が指摘されており、高反射率化などと比較して、屋上緑化はより総合的な効果を期待する技術であると言えます。これらの特徴を踏まえ、地域や建物の用途等に応じた適切な技術の選択が行われるべきであると考えています。

1.2 都市の表面性状とヒートアイランド

表1-1 都市被覆に関するヒートアイランド緩和効果の整理

対象	対策	ヒートアイランド緩和効果 昼間	ヒートアイランド緩和効果 夜間	外部空間の温熱快適性 昼間	外部空間の温熱快適性 夜間	省エネ効果 夏季	省エネ効果 冬季	その他の特徴	配慮事項
屋根・屋上	高反射率化	◎	◎	−	−	○	△	室内温熱環境の改善 外気湿度の非上昇	性能の経年劣化に注意が必要 周辺に対する反射日射に配慮が必要 暖房負荷が増える可能性が高い
屋根・屋上	緑化	◎	◎	◎(屋上)	◎(屋上)	○	○	景観、集客、都市洪水の緩和、生態系の保全、環境教育、不動産価値の向上	適切な維持管理が必要
屋根・屋上	蒸発利用(保水、散水)	◎	○	−	−	○	−	雨水浸透	散水時の水むら・水みちの対策や保水性能の維持が必要 冬季の凍結融解による劣化に注意が必要
壁面	緑化	◎	○	◎(街路)	◎(街路)	○	○	景観・生態系の保全	適切な維持管理が必要
壁面	蒸発利用(保水、散水)	◎	○	○	−	○	−	景観、雨水浸透	散水時の水むら・水みちの対策や保水性能の維持が必要 冬季の凍結融解による劣化に注意が必要
道路・舗装面・駐車場・広場など	高反射率化	◎	○	△	◎	−	−	外気湿度の非上昇	性能の経年劣化に注意が必要 周辺に対する反射日射に配慮が必要
道路・舗装面・駐車場・広場など	緑化	○	○	◎	○	−	−	景観・生態系の保全	適切な維持管理が必要
道路・舗装面・駐車場・広場など	蒸発利用(保水、散水、打ち水)	◎	○	◎	◎	−	−	雨水浸透	保水状況により効果が異なるため、保水性能の維持が必要 冬季の凍結融解による劣化に注意が必要

◎：大きな効果が期待される、○：効果が期待される、△：逆効果となる場合がある、−：関係なし。

第1章 ヒートアイランド現象とクールルーフ

1.3 パブリックベネフィットとプライベートベネフィット

　建物の屋根・屋上の温度を低くするクールルーフ技術の多くは、建物居住者あるいは所有者にとっては冷房用の電気代が少なくなる「プライベートベネフィット（Private Benefit、個人の便益）」という面と、都市のヒートアイランド現象緩和という「パブリックベネフィット（Public Benefit、公共の便益）」の2面があり、これらは普及を進める両輪となります。さらに、冷房用の電気代が少なくなるということは、建物からの排熱が少なくなることを意味し、プライベートベネフィットはパブリックベネフィットと大きく関連します。

　パブリックベネフィット、すなわちヒートアイランド現象の緩和については、1.2節で述べました。また、プライベートベネフィットについては、表1-1では省エネ効果の欄に記載しています。

　一般に、高断熱化の省エネルギー効果のほうが、高反射率化・緑化・蒸発利用による効果に比べて大きくなります。そのため、省エネルギーを最優先として考える場合には、高反射率化や屋上緑化よりも十分な断熱を施すことが優先されます。

　また、夏期にはプライベートベネフィットが期待できるものの、冬期には逆効果となる場合があることにも留意が必要です。日本の場合、住宅については暖房で使うエネルギー量が多く、冷房用は相対的に少ない場合が多いのです。この傾向は北海道など、北に行くほど強くなります。また、断熱材が十分施工されている建物では、屋根・屋上の緑化や高反射率化は冷房負荷にそれほど大きく影響しません。

　したがって、屋根・屋上の緑化や高反射率化が省エネルギーの面で有効となる場合は限られることに注意が必要です。例えば、図1-4[1-3]に示すように、小・中学校などの体育館や倉庫など、大きな空間で屋根面積が大きく、また外壁の断熱性

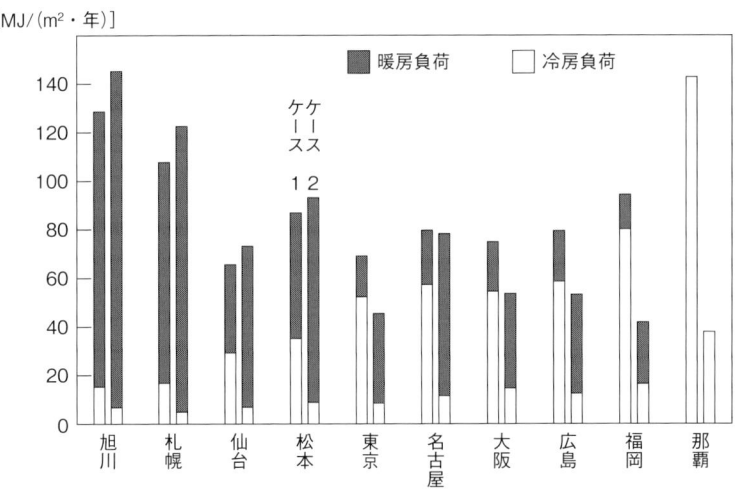

ケース1：一般屋根、ケース2：クールルーフ（高反射率化）

図1-4　倉庫の年間熱負荷の試算例（計算条件などの詳細は文献1-3参照）

1.3　パブリックベネフィットとプライベートベネフィット

能が比較的高くない建物の場合の屋根の高反射率化は、関東より南の地域で有効です。

都市のヒートアイランド現象緩和を意味するパブリックベネフィットは、主として気温低下量により評価されますが、近年の都市域における温熱環境の悪化は滞在する人間に不快感を与えるだけでなく、熱中症を引き起こすことがあり、大きな社会問題となっています。温熱環境の改善を図るうえで、人間の温冷感に注目することが大切であり、温冷感は体感指標により評価されます。体感指標は、日々の温冷感予想に役立つだけでなく、事前評価によりヒートアイランド対策などにエネルギーや資金の有効的な投入が可能になることから、その意義は大きいと言えます。

人が感じる温度（体感温度）はふく射量（放射温度）、気温（空気温度）、湿度、風速（気流）、服装（着衣量）、代謝量の影響を受けます。温熱環境をとらえる際、気温のみではなく、生理学的観点から人体の熱収支、体温調節、服装なども考慮した解析が必要と言えます。

まず、体感温度に影響を与える六つの要素について概説します。

①空気温度

空気温度とは、一般に言われる気温ですが、上下・水平に温度分布がある場合、どこで空気温度を定義するのかは難しいことです。人体の姿勢などによって、どの高さの空気温度をとるかが異なってきます。

②平均放射温度（MRT：Mean Radiant Temperature）

平均放射温度 MRT とは、実際の不均一な放射場においてそこに滞在する人が、周囲環境とふく射熱交換を行う場合の仮想的な均一の周囲温度です。

③湿度

湿度は、相対湿度あるいは絶対湿度で表されます。湿度は温冷感に影響を与えるとともに、高温な状況では湿度の大きさによって温熱快適性が大きく異なってきます。

④気流

気流とは、空気の動きのことです。人体が動いている場合は、その動きも含めた相対気流として考えます。気流は、体感に与える影響が大きく、特に屋外環境においては、夏季の涼感、冬季の寒さに対して、大きく影響を及ぼします。

⑤着衣量

着衣量に関して、衣服の断熱性はクロ（clo）という単位で表されます。温熱環境評価指標に用いられる clo 値は、皮膚表面から着衣外表面までの熱抵抗です。被覆の断熱性能が人間の生理的、心理的な快適さと関係づけて定義されていて、1941年に Gagge によって提案されました[1-4]。

1clo は、$0.155 m^2 \cdot K/W$ の抵抗値です。

⑥代謝量

人体は筋肉の運動などによって熱を発生しています。この生体活動を代謝と言い、代謝による単位体表面積当たりの発熱量を代謝量と言います。

人体の代謝量は、メット（met）という単位で表されます。1met は、椅座安静の代謝量で $58.2 W/m^2$ です。日本人の平均体表面積は約 1.6 ～ 1.7m^2 程度ですので、椅座で読書等をしている場合、人体から 100 ～ 200W の熱を出していることになります。

次に、代表的な体感指標を以下に挙げます。

ⓐ WBGT（Wet Bulb Globe Temperature：湿球黒球温度）

WBGT は ISO7743 で定められた国際規格であり[1-5]、気温、湿度、ふく射を考慮した指数です。暑熱環境を想定しており、労働環境において受ける熱ストレスの評価やスポーツ環境の管理、環境省の熱中症予防の指標にも用いられます。

$$WBGT = 0.7Tw + 0.3Tg \quad (日射なし) \quad \cdots(1.1)$$

$$WBGT = 0.7Tw + 0.2Tg + 0.1Ta \quad (日射あり) \quad \cdots(1.2)$$

Tw：湿球温度［℃］
Tg：黒球温度［℃］
Ta：乾球温度［℃］

ⓑ DI (Discomfort Index：不快指数)

1957年、Thomによって提案され、室内の暑さによる不快さの程度を気温と湿度の2要素のみで表したもので、湿度の与える影響が大きくなります[1-6]。気象の分野で多く用いられています。

日本人の場合、不快指数77で半数が不快、85で全員が不快とされます。

$$DI = 0.81\,Ta + 0.01\,h\,(0.99\,Ta - 14.3) + 46.3 \quad \cdots(1.3)$$

h：相対湿度［%］

ⓒ PMV (Predicted Mean Vote：快適指数)

PMVはFangerにより提案され[1-7]、ISO7730で定められた国際規格です[1-8]。熱的中立に近い状態での人体の温冷感を環境の6要素に加え、平均皮膚温、および発汗から予測する指標で、−3（寒い）から3（暑い）までの7段階で表現されます。

PMVのISOの推奨値は−0.5＜PMV＜0.5とされており、その場合の不満足者率は10%以下です。

ⓓ SET* (Standard New Effective Temperature：新標準有効温度)

SET*の前身として、屋内を想定し、1923年Yaglouらは被験者実験をもとに快適感評価を行い、ET (Effective Temperature：有効温度) を発表しました[1-9]。ETとは、気温、湿度、気流の3要素から、湿度100%、風速0 m/sのときに相応する温度を、感覚温度として示したものです。その後、ふく射の影響を加味したCET (Corrected Effective Temperature)、さらに、代謝量、着衣量を加味したET*へと改良されました[1-10]。

SET*はGaggeらにより提唱され[1-11]、ASHRAE（アメリカ暖房冷凍空調学会）でも用いられる、PMVと並んで最も代表的な体感指標です。Two-node modelと呼ばれる体温調節モデルを基本とし、人体と環境との熱平衡に基づいています。ET*を基に標準化したもので、SET*は気流のない相対湿度50%のときと同じ体感となる気温として算出されます。

ⓔ TL (Thermal Load：人体熱負荷量)

TLは人体の熱収支（代謝量M、機械的仕事W、純放射量$Rnet$、顕熱損失量C、潜熱損失量E、単位はすべて［W/m²］）に基づく指標で、授受された熱量が人の温冷感に作用すると考えます。

温冷感と快適感には相関があることから、熱負荷量による温冷感と快適感を予測できます[1-12]。熱収支式は以下のようになります。

$$TL = M - W + Rnet - C - E \quad \cdots(1.4)$$

しかし、前述の体感指標をそのまま屋外に適用するにはいくつか問題があります。今まで多くの研究がなされてきた屋内と屋外の違いは、まず日射の影響です。屋外特有の日射によって、温冷感は大きく異なります。例えば、夏季には熱中症を誘発しかねませんし、逆に冬季に曇っていて寒い状態から太陽が顔を出し、日射が当たる場合に暖かさをもたらします。地面からの日射の照り返しも、温冷感に影響を与えます。屋内では変化のほとんどない気流も、屋外環境下、例えば夏季に吹く風は涼しいという心地よさを、冬季にはより寒く、不快感を与えます。したがって、屋外での気流は温冷感、快適感に大きく影響を与えます。

また、屋外では多くの場合、一定の状態ではないということを考慮しなければなりません。屋外で滞在する数分から数十分という短い時間内に、熱的平衡状態に達するとは考えにくいからです。

そういった屋内と屋外の環境条件の違いによって、これまで屋内を対象としていた指標をそのまま屋外に適用するのは望ましくありませんが、外部空間の温熱快適性の評価は重要であるため、便宜的にWBGTやSET*等の体感指標を用いて評価されることが多く、本書においてもこれらの指標を用いています。

1.4 パブリックベネフィットとプライベートベネフィットの簡易評価ツール

本ガイドブックの検討と整理を担当したクールルーフ推進小委員会の前身であるクールルーフ評価・推進小委員会の活動成果として、都市被覆に関するヒートアイランド緩和効果の整理表（表1-1）、クールルーフによるパブリックベネフィットの簡易評価ツールおよびプライベートベネフィットの簡易評価ツールを建築学会内の小委員会ホームページで公開しています（http://news-sv.aij.or.jp/kankyo/s22/）。ホームページでは、クールルーフによるパブリックベネフィットの簡易評価ツール（9.38MB）、クールルーフによるプライベートベネフィットの簡易評価ツール（戸建住宅、2.0MB）、クールルーフによるプライベートベネフィットの簡易評価ツール（体育館、13.6MB）が公開されています。それぞれエクセルファイルで構築されています。

1.4.1 パブリックベネフィット簡易評価ツールの概要

図1-5にパブリックベネフィットの簡易評価シートを示します[1-2]。別のシートに計算結果のデータベースが格納されており、必要に応じて算出根拠を確認することも可能です。日射反射率と蒸発効率の設定欄で、日射反射率または蒸発効率を変化させると、表面温度、顕熱、気温、SET*の変化量が算出されます。現状の欄にはコンクリート屋根を想定して日射反射率0.25と蒸発効率0が設定されていますが、状況に応じて修正することも可能です。日中13時と夜間21時の計算結果が出力されますが、図中の下のグラフに示されるように、時刻ごとのデータも確認することができます。SET*の計算結果は、日中13時において人体側の日射反射率が0.3と0.6の場合の値が示されています。

図1-6、1-7に算出結果の例を示します。対策として高反射率塗料の適用を想定し、日射反射率を0.75と設定した場合の結果です。気温低下量の算出では、都市の60%を覆う建物屋根のすべてに高反射率塗料あるいは屋上緑化が適用された場合を想定しています。

人工排熱を終日30W/m²削減する効果と併せて示しています。人工排熱の削減効果は日中と比較して夜間に大きくなる様子が確認されます。

なお、プライベートベネフィットの簡易評価ツールの詳細、および、パブリックベネフィットとプライベートベネフィットの評価方法の説明は第5章を参照下さい。これらのツールは、クールルーフ化によるおおよその効果を簡易に評価することを念頭に作成したもので、ヒートアイランド対策技術の導入にあたってその効果を予測検討するためのものです。算定された効果を小委員会が保証するものではありません。評価ツールを使用することにより生じた一切の責任はユーザー自身が負うものとし、小委員会は関知しかねますのでご承知おき下さい。評価ツールの著作権はツールを開発した神戸大学竹林研究室（パブリックベネフィット）、東京都市大学近藤研究室（プライベートベネフィット）に帰属します。

第1章 ヒートアイランド現象とクールルーフ

ヒートアイランド対策技術（被覆関係）導入効果の簡易評価シート

1．日射反射率と蒸発効率の設定（高反射率化の場合は日射反射率、保水および緑化の場合は日射反射率と蒸発効率を修正）

	現状	対策後	変化量
日射反射率	0.25	0.75	0.5
蒸発効率	0	0	0

2．表面温度の計算

	現状	対策後	表面温度低下量
夏季日中13時の表面温度 [℃]	49.0	36.5	12.5
夏季夜間21時の表面温度 [℃]	26.6	26.5	0.0

3．顕熱の計算

	現状	対策後	顕熱削減量
夏季日中13時の顕熱 [W/m^2]	367	110	256
夏季夜間21時の顕熱 [W/m^2]	-19	-19	0

4．気温低下量の推定（対象地区全体に対策が導入された場合。ただし地区の60％を屋根が占めると想定）

	表面温度低下量 [℃]	顕熱削減量 [W/m^2]	気温低下量 [℃]
夏季日中13時の対策効果	12.5	256	1.86
夏季夜間21時の対策効果	0.0	0	0.00

5．SET* の計算

	現状	対策後	SET* 低下量
夏季日中13時の SET* [℃] 人体の反射率0.3の場合	44.6	46.8	-2.2
夏季日中13時の SET* [℃] 人体の反射率0.6の場合	42.2	42.9	-0.7

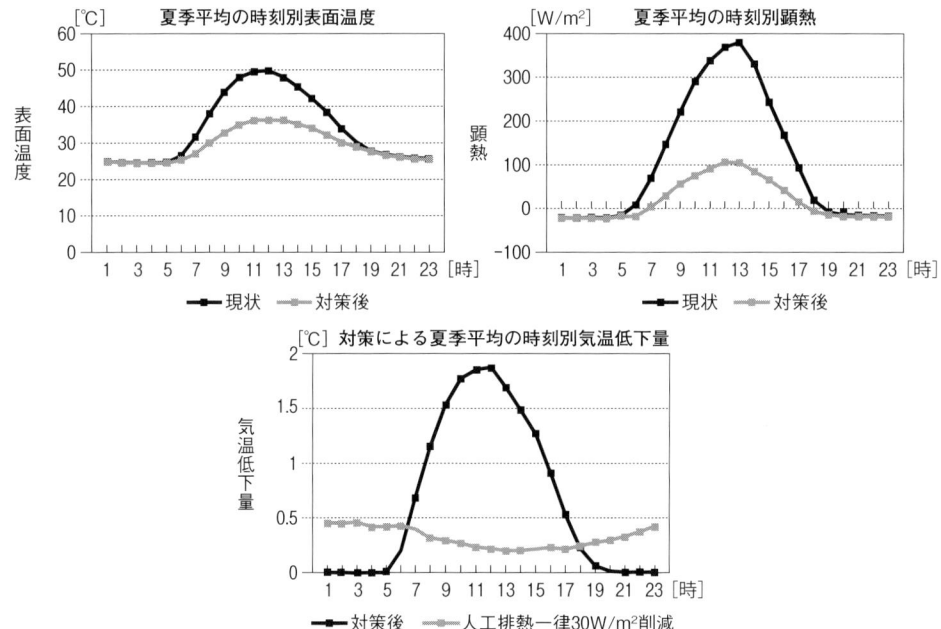

図1-5　パブリックベネフィットの簡易評価シート

1.4 パブリックベネフィットとプライベートベネフィットの簡易評価ツール

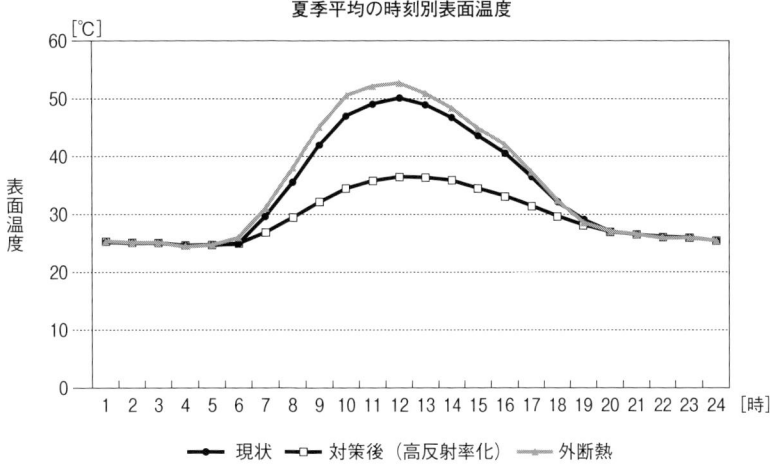

図1-6 パブリックベネフィットの簡易評価ツールによる算出結果の例（表面温度）

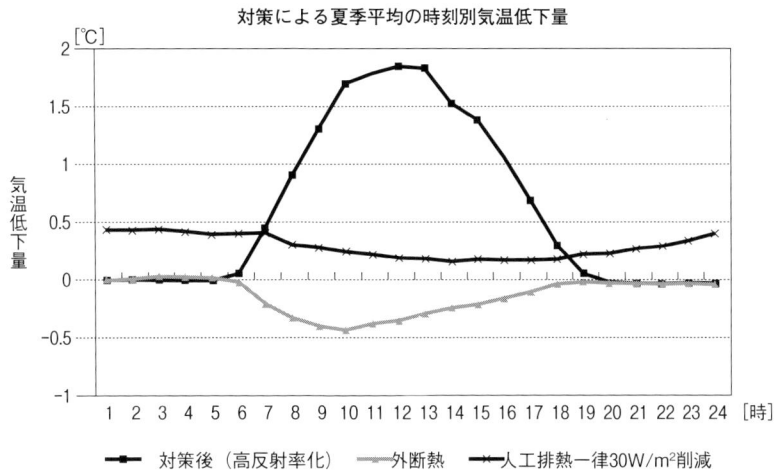

図1-7 パブリックベネフィットの簡易評価ツールによる算出結果の例（気温低下量）

1.4.2
プライベートベネフィット簡易評価ツールの概要

　前述の通り、プライベートベネフィットとはクールルーフ化することによって、冷房用の電力が節約できる、あるいは、室内が涼しくなるなどです。エクセルシートに必要情報を入力することにより、どの程度このような効果があるかを知ることができます。詳細は5.2節や文献1-13）にありますので、ここでは概要を紹介します。

　プライベートベネフィット簡易評価ツールは高反射率化技術にのみ用意されており、「戸建住宅用」と「体育館用」の二つがあります。緑化技術など他の技術に対しては今後作成する予定です。ここでは、「戸建住宅用」について説明します。

　このツールの利用者は、検討したい住宅の条件をまず想定します。検討対象とする戸建住宅は、

第1章 ヒートアイランド現象とクールルーフ

「どの地域にあるのか？」「どの程度の断熱性なのか（断熱性能は築年数などで推定する）？」、「設定室温・空調運転時間は（節約型か浪費型か）？」……などをイメージします。また、現状の屋根の日射反射率(色)はどの程度で、塗り替え後の屋根の日射反射率(色)はどうするかを考えます。すなわち、表1-2の項目を選んでいきます。

評価ツールの入出力画面は「表紙」、「はじめに」、「各種条件選択」、「計算結果」、「各項目詳細説明」で構成されています。

(a)「表紙」、「はじめに」画面

表紙（図1-8）から「START」ボタンをクリックすると「はじめに」という画面が表示されます。

ここでは、クールルーフのメリット・デメリットなどを簡単に説明しています。

(b)各種条件選択画面

各種条件選択画面（図1-9）で選択項目を選択します。それぞれの項目について当てはまるもの、もしくは近いものを選択し、「計算へ」というボタンをクリックすることで年間熱負荷等が計算されます。

(c)計算結果表示画面（図1-10参照）

(b)において選択された条件での計算結果をこの画面で示します。年間熱負荷削減量、年間節約電気料金、自然室温変化、年間CO_2削減量が表示され、クールルーフ化によるメリットとデメリッ

表1-2 プライベートベネフィット簡易評価ツールの選択項目

都道府県　市町村区	空調室温（設定温度）	塗り替え前の屋根の色
代表都市	空調時間（使用時間）	塗り替え後の屋根の色
竣工年	暖房使用熱源（機器）	電気事業者

図1-8 表紙画面

1.4 パブリックベネフィットとプライベートベネフィットの簡易評価ツール

トが理解できるようになっています。

(d)各項目詳細説明

ここでは、計算結果での各出力項目について、どのような値を使っているのか、どのように算出したのかについて、説明されています。

[引用文献]

1-1) 環境省：平成13年度ヒートアイランド対策手法調査検討業務報告書，p.2，96，2002年．
（http://www.env.go.jp/air/report/h14-02/index.html）

1-2) 竹林英樹・近藤靖史・クールルーフ適正利用WG：クールルーフの適正な普及のための簡易評価システムの検討（その2）パブリックベネフィット評価ツールの開発，日本建築学会技術報告集，第33号，pp.589-594，2010年．

1-3) 近藤靖史・長澤康弘・入交麻衣子：高反射率塗料による日射熱負荷軽減とヒートアイランド現象の緩和に関する研究，空気調和・衛生工学会論文集，No.78，pp.15-24，2000年．

1-4) A. P. Gagge, *et al.*: A practical system of units for the description of the heat exchange of man with his environment, SCIENCE, **7**, pp.428-430, 1941.

1-5) ISO7243: Hot Environment, ISO, 2003.

1-6) E. C. Thom: A new concept for cooling degree days, *ACHV*, **54**, pp.73-80, 1957.

1-7) P. O. Fanger: Thermal Comfort, Danish Tech. Press, 1970.

1-8) ISO7730: Ergonomics of the Thermal Environment, ISO, 2005.

1-9) Houghten, F. C., and C. P. Yaglou: Determining lines of equal comfort, *Am. Soc. Heat. Ventil. Eng. Trans.*, **29**, pp.163-176, 1923.

1-10) A.P.Gagge, *et al.*: An effective temperature scale based on a simple model of human physiological regulatory response, *ASHRAE Trans.*, **77**, pp.247-262, 1971.

1-11) A.P.Gagge, *et al.*: A standard predictive index of human response to the thermal environment, *ASHRAE Trans.*, **92**, pp.709-731, 1986.

1-12) 島崎康広ら：人体熱負荷量に基づく温熱快適性指標の提案，日本冷凍空調学会論文集，**26**，pp.113-120，2009年．

1-13) 有働邦広・近藤靖史・武田仁：クールルーフの適正な普及のための簡易評価システムの検討，日本建築学会技術報告集，第31号，pp.849-854，2009年．

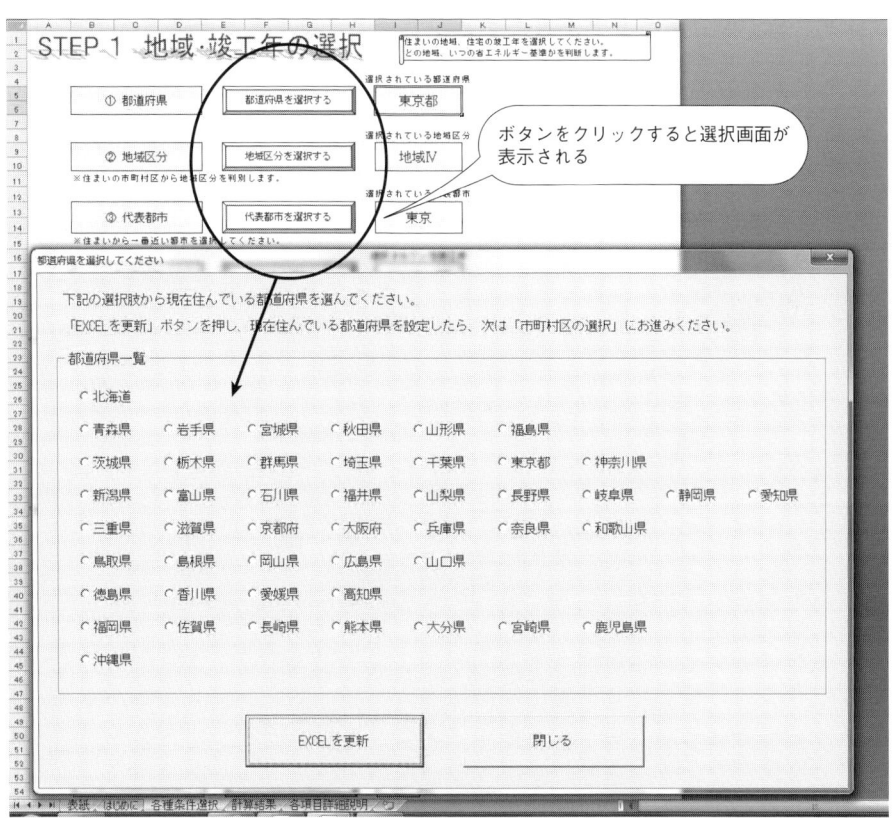

図1-9　各種条件選択画面

第1章　ヒートアイランド現象とクールルーフ

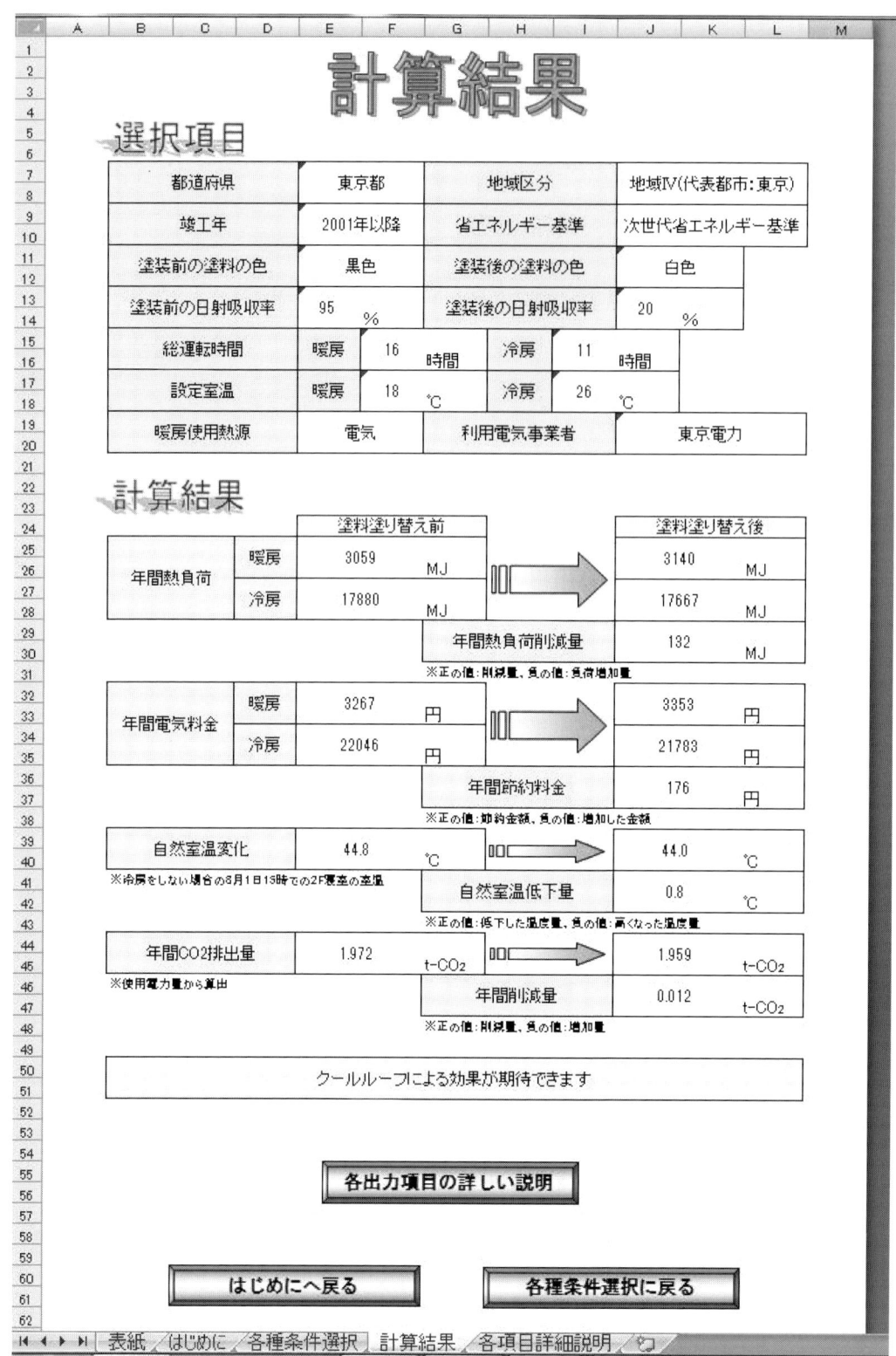

図1-10　戸建住宅に対する評価ツールの計算結果表示画面

第2章

高反射率化技術
（高反射率塗料、高反射率シート等）
の概要と適用事例

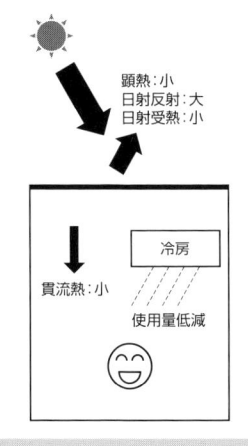

顕熱：小
日射反射：大
日射受熱：小

貫流熱：小

冷房
使用量低減

第2章　高反射率化技術（高反射率塗料、高反射率シート等）の概要と適用事例

2.1 高反射率化技術の概要

高反射率化技術とは、屋根や舗装を高反射率化することにより、吸収する日射を低減させる技術のことで、次の方法があります。なお、塗料を用いる場合には、一般に膜厚が薄いので、断熱性能は期待できないことに注意が必要です。

①表面の色を明度の高いものにする

一般に、明度が高くなるほど日射反射率が高くなります（図2-1）。したがって、屋根や舗装の表面の明度を高くして、日射反射率を高くする方法です。ただし、見た目でもわかるため、眩しさを感じることがあり、注意が必要です。

②高反射率材料を利用する

近赤外域の日射反射率が高い材料を利用する方法です。図2-1に示すように、高反射率材料は、同じ明度のときに通常の材料よりも日射反射率が高いことが特徴です。高反射率材料には、高反射率塗料、高反射率プレコート鋼板、高反射率防水シート、高反射率瓦などがあります。また、膜構造の建物に適用される日射反射率の高い高反射率シートがあります。

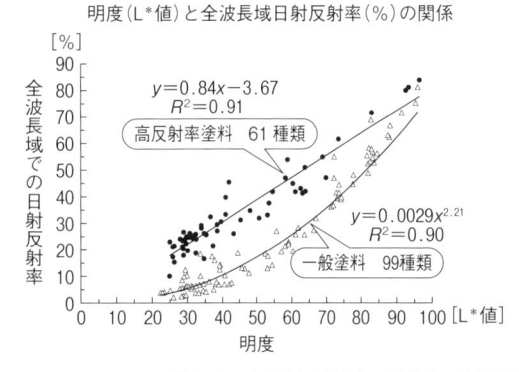

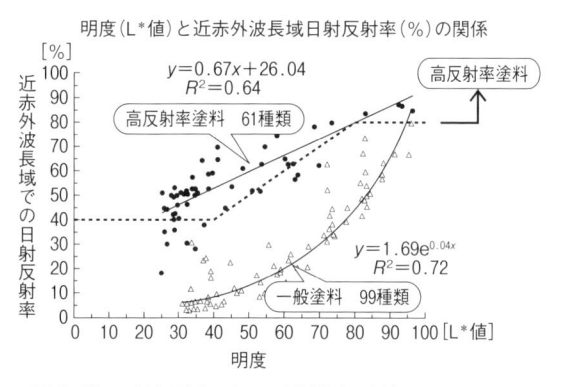

図2-1　高反射率塗料の明度と日射反射率の関係（左：全波長域、右：近赤外波長域）
（資料提供：（社）日本塗料工業会）

高反射率塗料では、製品のJISとして「JIS K 5675 屋根用高日射反射率塗料」が2011年7月に制定されました。この中で高反射率塗料の性能について規定されています。主なものを紹介します。

＊日射反射率について

全波長域での日射反射率では、一般塗料と高反射率塗料の境界が不明確ですが（図2-1左）、近赤外域（波長780～2500nm）では日射反射率の差が大きくなります（図2-1右）。そこで、近赤外域の日射反射率と明度の関係から、明度が40.0以下の場合は近赤外波長域での日射反射率が40.0％以上、明度が40.0～80.0の場合は近赤外波長域での日射反射率が明度以上の値、明度が80.0以上の場合は近赤外波長域での日射反射率が80.0％以上の製品を高反射率塗料としています（図2-1右のグラフの破線より上が高反射率塗料）。

＊屋外暴露耐候性について

屋外暴露耐候性については、環境汚染物質が少ない場所での24カ月暴露後の近赤外波長域の日射反射率の保持率が80％以上とJISで規定されており、また、光沢度の保持率についても規定されています。

2.2 期待される効果と留意点

2.2.1 高反射率化の効果

建物の屋根や舗装を高反射率化することによって、昼間の日射をより多く反射することができ、屋根や舗装の表面での吸収日射量を減少させることができます。そのため、次の効果が期待できます(図2-2)。

① ヒートアイランド現象の緩和(建物、舗装)
② 室内冷房負荷の低減(建物)
③ 夏季の室内温熱環境の改善(建物)

また、建物へ適用した場合の間接的なメリットとして、冷房負荷低減による冷房運転時間の短縮、これに伴う冷房機器の長寿命化、エネルギー消費低減による二酸化炭素排出の低減などが考えられます。

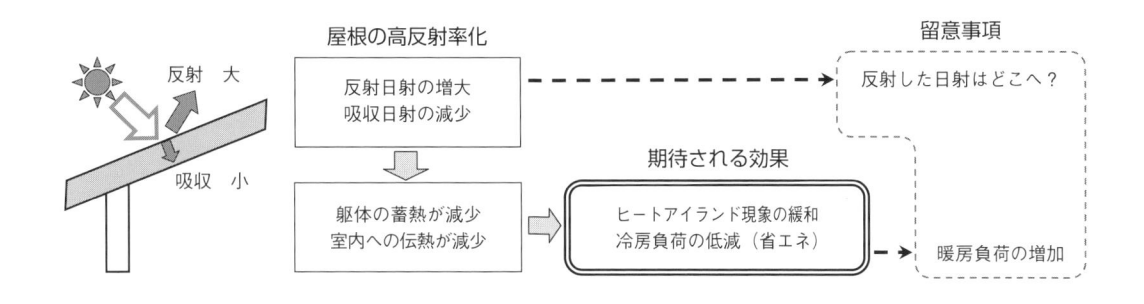

図2-2 高反射率化により期待される効果と留意点（屋根高反射率化の場合）

2.2.2 高反射率化の留意点

(1) 反射した日射への配慮

高反射率化によって、反射した日射が周囲環境（建物や舗装上の人など）を暖めてしまう可能性があるので、注意が必要です。

建物の屋根では、その屋根より高い建物が隣接している場合、反射した日射が隣接建物の壁面を暖めてしまう可能性があり、配慮が必要です。

舗装では、歩行者に反射した日射が当たり、暑く感じる可能性があります。歩行者の温熱感は高反射率化による影響より、服の色による影響のほうが大きいとの研究報告もありますが、反射率を上げ過ぎないことが大切です。

(2) 暖房負荷への影響

建物では、冬も屋根からの日射が減少するので、暖房負荷が増加する可能性があります。冷房、暖房合わせて省エネルギーになるように、地域や建物用途などを考慮して、適切な日射反射率とするなど事前の検討が必要です。ただし、建物の断熱がしっかりしている場合には大きな影響はありません。

第2章　高反射率化技術(高反射率塗料、高反射率シート等)の概要と適用事例

(3) 日射反射率の低下への配慮

施工後、表面の汚れにより日射反射率が低下するので、反射率の低下を見込んで初期の反射率を考えることも必要です。

(4) 高反射率塗料の施工について

高反射率塗料は適切な膜厚で2～3層の塗装を行うことで、その日射反射性能が適切に発揮されます。したがって、使用する塗料の塗装方法をよく確認することが重要です。一般的には、屋根面の洗浄、下塗り、中塗り、上塗りの手順で塗装を行いますが、それぞれ、専用の塗料を用いることが多いようです。また、メーカーが指定する方法で塗装しているかを確認しておくことも大切です。

(5) コスト、耐久性など

環境省が行っている環境技術実証事業(後述)の実証結果(http://www.env.go.jp/policy/etv/list_20.html#E02-2)のうち、2008年度から2010年度をまとめると、コストや耐久性については次のようなことがうかがえます。

高反射率塗料では、材料、施工費込みで3,000円/m^{2}から5,000円/m^{2}程度の価格が多く見られます(図2-3)。また、下地の材料や施工面積によっても価格が変動します。塗替えは、7年から10年程度を推奨しているものが多くなっています(図2-4)。

高反射率防水シートでは、材料、施工費込みで8,000円/m^{2}から10,000円/m^{2}程度の価格帯となっています。日射反射率の保持状況は不明ですが、一般の防水シートより耐久性は高くなるとのことです。

高反射率瓦は、製品数が少ないのですが、材料、施工費込みで10,000円/m^{2}程度の価格です。

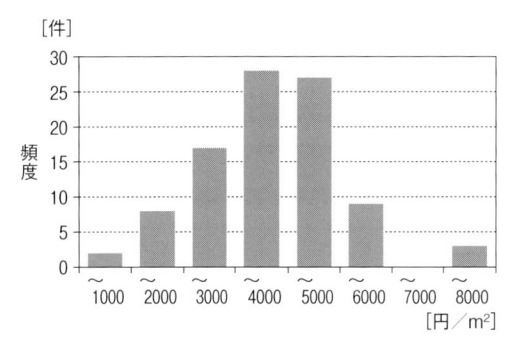

図2-3　高反射率塗装のコスト
　環境省の実証事業の評価を受けた高反射率塗料118製品のうち、塗装費用(材工共)が参考情報として明記された製品91件(うち3件は金額を2種提示)の傾向

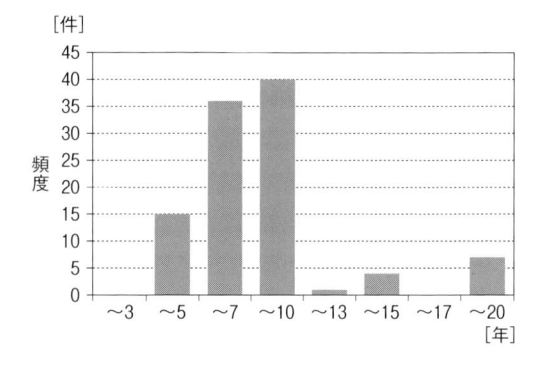

図2-4　高反射率塗装の塗替え周期
　環境省の実証事業の評価を受けた高反射率塗料118製品のうち、塗替え周期、耐久性などが参考情報として明記された製品103件の傾向

2.3

高反射率塗料の市場動向

2.3.1

公的支援制度

環境省[2-1]は、2007年度から、二酸化炭素排出抑制対策事業の一環としてクールシティ中枢街区パイロット事業を実施し、高反射率塗装を屋上緑化や散水システムなどと同じく補助金交付対象事業としました。同事業は2009年度をもって終了しましたが、東京都や大阪府の補助事業は2013年度現在も引き続き実施されています。

東京都では2007年度にクールルーフ推進協議会[2-2]を設立し、現在は、各特別区、例えば千代田区[2-3]、港区、台東区、墨田区が高反射率塗料の導入に補助金を支出し、成果の拡大を図っています。また、大阪府でも2007年5月にヒートアイランド対策ガイドライン[2-4]を作成し、対策の取り組みを支援するため、ヒートアイランド対策導入促進事業として高反射率塗装に補助金を支出しています。

また、2006年1月に設立された大阪ヒートアイランド対策技術コンソーシアム(大阪HITEC)は、2011年10月より「ヒートアイランド対策技術認証制度」を開始し[2-5]、この中で高反射率塗料も定義して、日射反射率などの複数の要求項目を設けることで、実効性のある技術の普及によるヒートアイランド緩和の促進を目指しています。現在は「ヒートアイランド対策普及支援事業（関係金融機関との連携事業)」として、借入利率の優遇や低利な長期固定金利の利用により支援しています。

2012年10月11日には、「高反射率塗料」第一号が認証されました（図2-5)。建築環境・省エネルギー機構による建築環境総合性能評価システム（Comprehensive Assessment System for Built Environmental Efficiency）CASBEE-HI（ヒートアイランド）[2-6]でも、高反射率塗料の効果が評価できるように、日射反射率の項目が追加されています。

公的支援は国内だけではなく、米国やEUでも行われています。米国ではCool Roof Rating Council (CRRC)[2-7]という非営利団体が立ち上げられ、クールルーフの基準策定と普及に努めています。

また、環境省では、2003年度より先進的環境技術の普及を図ることを目的とした、環境技術実証事業（ETV事業)[2-8]を行っています。先進的環境技術は、すでに適用可能な段階にあり、有用と思われていても、環境保全効果などの客観的な評価が行われていないために、地方公共団体、企業、消費者などのエンドユーザーが安心して使用することができず、普及が進んでいない場合があります。環境技術実証事業は、このような先進的環境技術について、その環境保全効果などを第三者機関が客観的に「実証」する事業です。

「実証」とは、一定の判断基準を設けて、この

大阪 HITEC
ヒートアイランド
対策技術認証
認証(高反射塗料)-2012-0001
大阪ヒートアイランド対策技術コンソーシアム

図2-5　大阪HITEC第一号認証

図2-6 環境技術実証事業のロゴマーク

基準に対する適合性を判定する「認証」とは異なり、環境技術の開発者でも利用者でもない第三者機関が、環境技術の環境保全効果や副次的な環境影響などを、試験などに基づき客観的なデータとして示すことを言います。

本事業では、2006年度から「ヒートアイランド対策技術分野（建築物外皮による空調負荷低減等技術）」が実証対象となりました。当初はフィルムやコーティングなどの窓用の技術が対象でしたが、2008年度からは高反射率塗料も対象技術となり、様々な製品の実証が行われています。実証された技術には、環境省より実証番号とロゴマークが公布されます（図2-6）。実証結果の詳細は、報告書としてまとめられ、環境技術実証事業のホームページで公表されています。

2.3.2
普及状況

日本における高反射率塗料の普及状況を図2-7、2-8に示しました（日本塗料工業会[2.9]の調査結果）。

高反射率塗料の出荷量は、2004年が約1,550トン、2005年が約2,600トン、2006年が約3,400トン、2007年が約4,100トン、2008年が約4,700トン、2009年が約6,800トン、2010年が約8,200トン、2011年が10,500トンと年々増えています。全塗料出荷量のうち、高反射率塗料が占める割合は1％まで増えてきました。

図2-8での用途別割合でわかるように、建築用出荷量が全体の97％を占めています。この中でも、倉庫、工場屋根が最も多く、空調のない建物、空調のききにくい建物内での労働環境改善（熱中症対策も含む）が主目的で、関東地区から九州地区にかけて広く採用されています。

海外では、米国のCRRCが中心となり、建物、道路へ展開しています。アジアでは、日本での実績を踏まえ、日系企業を中心に工場屋根への採用が拡大しています。

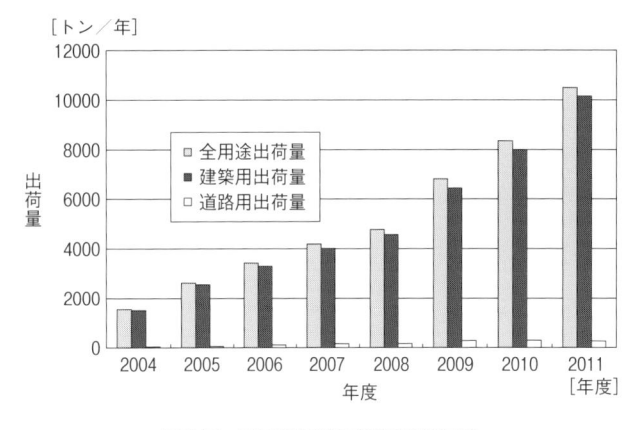

図2-7 高日射反射率塗料出荷実績
（資料提供：（社）日本塗料工業会）

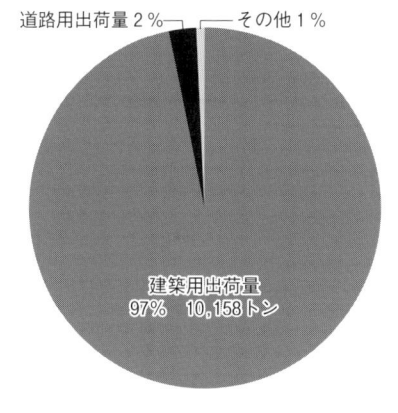

図2-8 2011年度の高反射率塗料の用途別割合
2011年度高反射率塗料総生産量：約10,500トン/年道路・舗装：2011年度までの累計で約120万m²、うち東京都が約60万m²
（資料提供：（社）日本塗料工業会）

2.3.3
施工価格

施工単価は一般塗料と同様に、施工面積・塗料種類・色相・素材・素地調整・足場など変動要因が多く、標準的価格を示しにくいのですが、施工単価（足場別）は一般塗料より2割程度高く、塗装下地が鋼板の場合は3,000～5,000円/m^2、塗装下地がスレートの場合は8,000～10,000円/m^{2}程度です。

2.3.4
今後の動向

「JIS K 5602 塗膜の日射反射率の求め方」が2008年9月20日に制定、「JIS K 5675 屋根用高日射反射率塗料」が2011年7月20日に制定され、公的機関によって塗料、塗膜の評価がされるようになりました。そのような評価を受けた塗料メーカーから高反射率塗料が販売されていますが、高反射率塗料を有効に活用するためには、施工後の評価基準や評価方法も必要です。すなわち、施工前、施工後、経年劣化後の現場での塗膜の日射反射率の測定基準の制定[2-10～13]が必要です。また、塗料メーカーや施工会社による効果的な劣化防止技術の開発が望まれます。

現場での評価基準が制定され、防汚技術が開発されれば、高反射率塗料は施工後を含め機能の品質管理ができるようになり、さらなる市場拡大につながるでしょう。色彩のみを考慮して塗料を選定するのではなく、気候変動や節電、熱中症に配慮して高反射率塗料を採用するように、社会も変化することを期待しています。

[引用文献]

2-1) 環境省：クールシティ中枢街区パイロット事業, http://www.env.go.jp/air/life/heat_island/cool_model.html.

2-2) 東京都環境局：クールルーフ推進協議会, http://www.kankyo.metro.tokyo.jp/climate/other/countermeasure/cool_roof/.

2-3) 千代田区：ヒートアイランド対策助成, http://www.city.chiyoda.tokyo.jp/service/00015/d0001566.html.

2-4) 大阪府：「ヒートアイランド対策ガイドライン」を作成（平成19年3月）, http://www.pref.osaka.jp/chikyukankyo/jigyotoppage/guideline.html.

2-5) 大阪ヒートアイランド対策技術コンソーシアム： http://www.osakahitec.com.

2-6) 建築環境・省エネルギー機構：CASBEE-HI 評価マニュアル（2010年版），2010年．

2-7) Cool Roof Rating Council (CRRC): http://www.coolroofs.org.

2-8) 環境省：環境技術実証事業. http://www.env.go.jp/policy/etv/

2-9) （社）日本塗料工業会 資料.

2-10) 村田泰孝・酒井孝司・金森博・竹林英樹・松尾陽・森山正和・吉田篤正・西岡真稔・矢野直達・清水亮作・三木勝夫・村瀬俊和・Akbari H：高反射率塗料施工面の日射反射率現場測定法に関する研究：標準板二点校正法の提案および水平面における精度確認，日本建築学会環境系論文集，Vol.73, No.632, pp.1209-1215, 2008年．

2-11) 酒井孝司・村田泰孝・西岡真稔・竹林英樹・松尾陽・森山正和・吉田篤正・三木勝夫・村瀬俊和：高反射率塗料施工面の日射反射率測定に関する研究（その3）：二点校正法による折板面の日射反射率測定，日本建築学会学術講演梗概集，D-1, pp.1039-1040, 2008年．

2-12) 酒井孝司・村田泰孝・西岡真稔・竹林英樹・松尾陽・森山正和・吉田篤正・三木勝夫・村瀬俊和：高反射率塗料施工面の日射反射率測定に関する研究（その4）：形状・反射率の異なる折板面の反射率測定と数値解析，日本建築学会学術講演梗概集，D-1, pp.845-846, 2009年．

2-13) 酒井孝司・村田泰孝・西岡真稔・竹林英樹・松尾陽・森山正和・吉田篤正・三木勝夫・村瀬俊和：高反射率塗料施工面の日射反射率測定に関する研究（その5）：二点校正法による折板面の日射反射率推定方法の検討，日本建築学会学術講演梗概集，D-1, pp.823-824, 2010年．

第2章 高反射率化技術(高反射率塗料、高反射率シート等)の概要と適用事例

高反射率塗料1

折板屋根　事務所用途建物への適用事例①

概　要

室内温熱環境の改善と冷房の省エネルギーを図るために屋根面に高反射率塗料を塗布し、その効果の確認を行った。小屋裏温度は塗装により低下し、室内の温度低下にも寄与していると考えられる。電力消費量は、月により増減があったが、概ね減少傾向にあることが確認された。また、契約電力を低減でき、電力コストの低減を実現した。

■物件概要(図2-9、2-10)

建物名称：ダイキンエアテクノ㈱九州事務所
所在地：福岡県
用途：事務所
延床面積：594m^2
総階数：地上1階
屋根構造：金属折板屋根
　　　　　グラスウール断熱材16K 50mm

■物件概要(図2-11)

塗施工面積：828m^2
塗装仕様：フッ素系高反射率塗料(溶剤系3層塗装)
塗装色：スノーホワイト

図2-9　建物外観

塗装前

塗装後

図2-10　屋根の様子

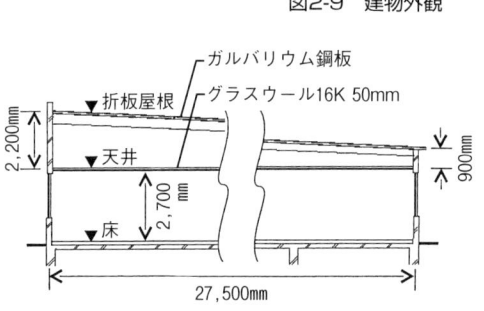

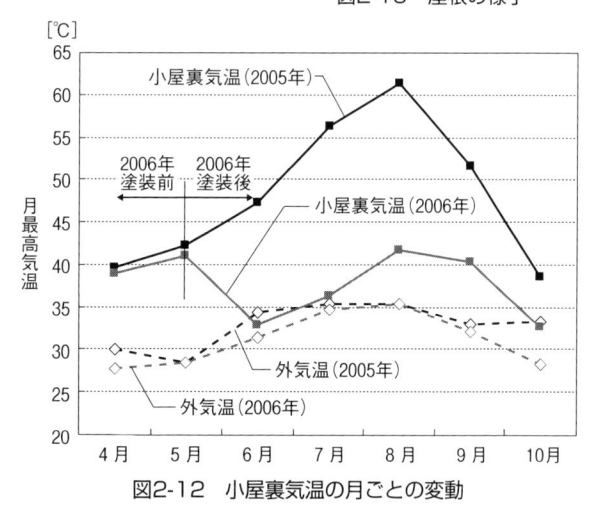

図2-11　断面略図

図2-12　小屋裏気温の月ごとの変動

2.4 高反射率化技術の適用事例(高反射率塗料1)

■測定概要

屋根に高反射率塗料を塗布する前と後で、小屋裏気温、電力消費量を比較し、高反射率化の効果を検証した。

■主な結果

1) 折板屋根と天井の間の小屋裏空間の最高気温を比較すると、塗装後の小屋裏気温が大きく低下していることがわかる(図2-12)。これは、屋根表面の日射吸収が高反射率化により減少したためであると考えられる。

2) 電力消費量および契約電力量は夏季に低下する傾向が見られ、冷房需要が減少したことが確認できる。また、冬季はわずかに増加した(図2-13)。これより、屋根の高反射率化により、冷房負荷を低減させることができることと、冬季の暖房負荷の増加はわずかであることがわかる。年間の電力消費量は塗装前が134MWhであるのに対し、塗装後は124MWhであり、約7%程度年間の電力消費量が減少している。

また、契約電力は塗装前58kWに対し、塗装後は49kWまで低下している。これにより、電力料金の低減が確認できる。

3) 2)のうち、8月の電力消費量は塗装前後で同程度であるが、これは日照時間と日射量が塗装後のほうが多かったことが要因と考えられ、高反射率化により、電力消費の増加が抑制されているものと考えられる(図2-14)。

[資料提供]
ダイキンエアテクノ㈱

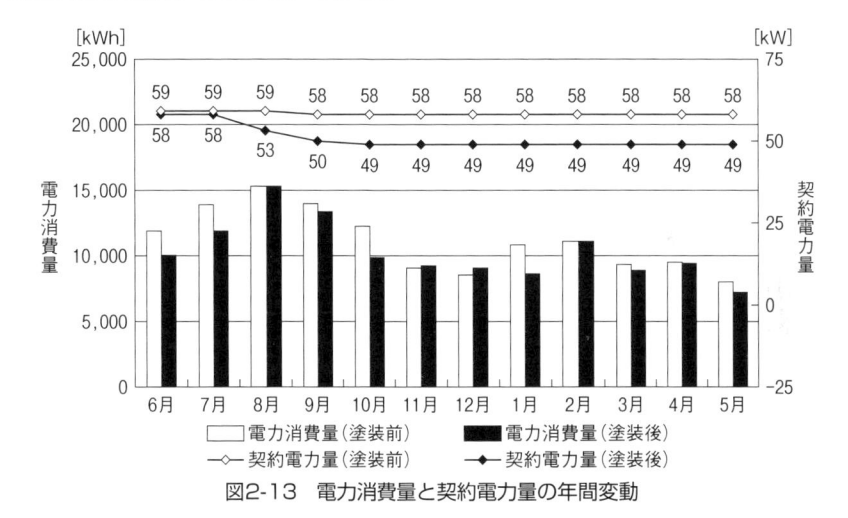

図2-13 電力消費量と契約電力量の年間変動

図2-14 塗装前後の気象条件の比較

高反射率塗料 2

折板屋根　事務所用途建物への適用事例②

概要

ヒートアイランド現象の緩和と冷房の省エネルギーを図るために屋根面に高反射率塗料を塗布し、その効果の確認を行った。塗装後の日射反射率の経時変化を測定するとともに、冷暖房用消費電力を評価した。日射反射率は塗装直後に表面の汚れのために低下するが、その後はほぼ一定の値を保っている。また、高反射率化により冷房用消費電力は大きく減少するが、暖房用消費電力は増加するため、冷房時と暖房時の両方の電力消費への影響を考慮することが必要である。

■物件概要（図2-15）

建物名称：T社 研究所事務所棟
所在地：福岡県北九州市
用途：事務所
延床面積：590m²
総階数：地上1階
屋根構造：金属折板屋根
グラスウール断熱材16K 50mm

■技術概要（図2-15）

塗装面積：631m²（投影面積）
塗装仕様：フッ素系高反射率塗料（溶剤系3層塗装）
塗装色：スノーホワイト

塗装前

塗装後
図2-15　建物外観（口絵p.1も参照）

■日射反射率の測定結果（図2-16）

屋根面の日射反射率は、塗装後大きく向上し、その後8カ月経過時点では表面の汚れのため直後の反射率より低下した。8カ月経過以降はほぼ同等の反射率となっており、性能を維持できていることがわかる。なお、図2-16に示したものは、実質日射反射率である。実質日射反射率とは、折板内部での多重反射後に折板面から射出される反射日射を評価した値である。折板内部で複数回の反射があるので、塗装面が平面の場合より低い値となる（図2-17）。

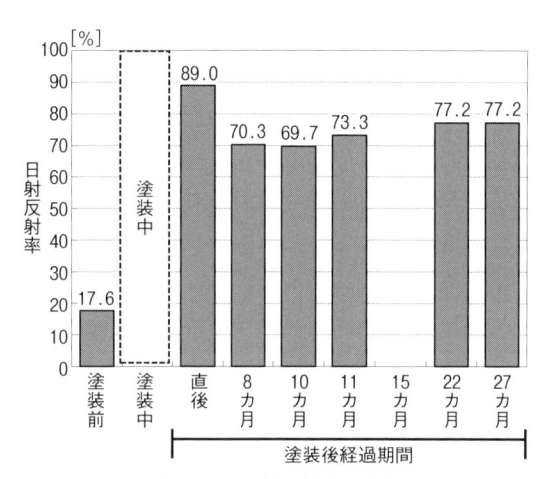

図2-16　日射反射率の変化

実質日射反射率＝日射計への反射日射量÷全天日射量
図2-17　実質日射反射率の概念

■冷暖房用電力消費への影響

1) 時刻別電力消費量（月平均）（図2-18、図2-19）

夏季8月は高反射率塗装により日中の電力消

2.4 高反射率化技術の適用事例（高反射率塗料2）

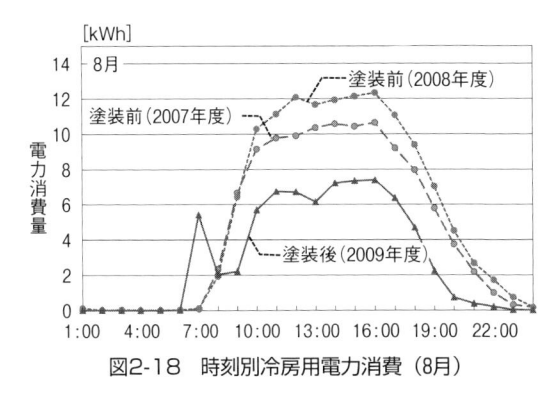

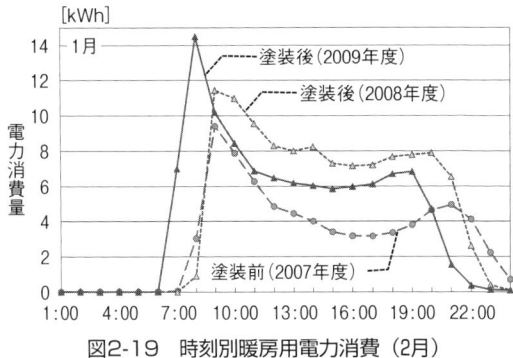

図2-18 時刻別冷房用電力消費（8月）

図2-19 時刻別暖房用電力消費（2月）

費量が大幅に減少していることがわかる。また、冬季2月は、一般に日中は日射の影響で暖房用電力消費が低下するが、この時間帯の電力消費は塗装後のほうが多いことがわかる。

この結果より、高反射率化により屋根から吸収される日射量が減少したことが確認できる。

2) **冷暖房用電力消費と気象条件の関係（図2-20）**

冷暖房用の電力消費と気象条件の関係を検討した。気象条件には相当外気温度を用いた。冷房、暖房とも塗装前後で大きな傾向の違いはなく、冷房時には日平均相当外気温度（後述）が高くなると電力消費が増加すること、暖房時には日平均相当外気温度が低くなると電力消費が増加することが確認できる。これより、塗装前後での冷暖房機器の稼働状況の違いがないことが確認できる。

高反射率塗装前後の違いは、塗装前は相当外気温度が高く、塗装後は低くなる点である。ここで用いた相当外気温度は、屋根面での吸収日射量と長波放射量の影響を外気温に組み入れた値であり、次式により算出される。

$$相当外気温度 [℃] = \theta_o + \frac{1}{\alpha_o}(a_s \cdot J - \varepsilon \cdot J_e)$$

θ_o：外気温[℃]、α_o：総合熱伝達率[W/(m²·K)]、
a_s：日射吸収率[－]、J：日射量[W/m²]、
ε：放射率[－]、
J_e：実効放射量（長波放射量）[W/m²]

3) **冷暖房用電力消費への影響（図2-21）**

冷暖房用の消費電力と相当外気温度の関係から回帰式を作成し、日本建築学会の「拡張アメダス気象データ」標準年を用いて電力消費を推計した。これは、年により気象条件が異なり直接比較できないため、共通の気象条件下での冷暖房用電力消費を推計するためである。この結果、冷房用消費電力は44%減少し、暖房用消費電力は26%増加するという結果となった。通年では約10%の減少となり、省エネルギー効果が確認できる。

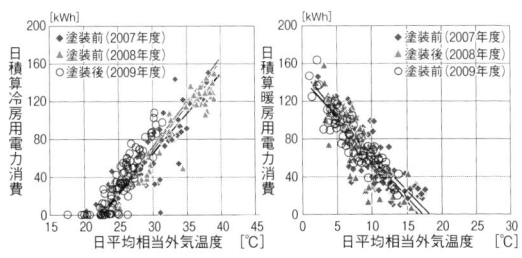

図2-20 気象条件と冷房用電力消費（左）および暖房用電力消費（右）の関係

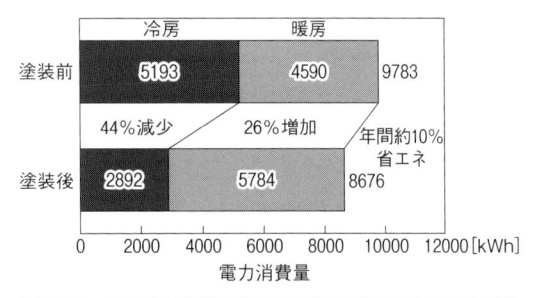

図2-21 高反射率塗装前後の冷暖房用消費電力の推計結果

[出典]
村田泰孝・石原修・三木勝夫：屋根高反射化による建物冷暖房用エネルギー消費への影響に関する研究―金属折板屋根建物での冷暖房用電力消費の検討―，太陽／風力エネルギー講演論文集，pp.63-66, 2010年.

高反射率塗料 3
コンクリート屋根
小学校(廃校)における評価事例

概要
高反射率塗料による建物屋根の日射反射性能向上の効果検証のために、各種高反射率塗料を塗布し、屋根表面・裏面温度および室内気温の比較を行った。その結果、高反射率塗料を塗布した場合、一般塗料と比較して、各温度の低下が日中、夜間ともに見られた。

■物件概要(図2-22、2-23)

建物名称：小学校(廃校)
所在地：東京都足立区
用途：小学校
延床面積：不明
総階数：地上3階
屋根構造：コンクリート屋根

■技術概要(図2-22)

施工面積：31.5m² × 5種類
塗装色：N6 グレー
(日射反射率62.7%、塗料B)

図2-22　屋上の状況

■測定概要

屋根の高反射率化の効果を検討するために、複数の高反射率塗料を塗布し、屋根表面温度、屋根裏面温度、室温などを測定して、一般塗料、コンクリート部分との比較を行った。ここでは、塗料Bの結果を示す。

■：表面温度　□：気温　●：黒球温度

図2-23　断面(3階部分)概略および測定点(単位：mm)

■主な結果

1) 高反射率塗料および一般塗料(どちらもN6グレー)の分光反射率を比較すると、高反射率塗料では波長700nm以上の近赤外域で反射率が高いことが確認できる(図2-24)。
2) 屋根表面温度は高反射率塗料部分で、日中、最大10℃程度低下している。また、夜間も高反射率塗料部分の温度が低いことがわかる(図2-25)。
3) 屋根裏面温度は、表面温度の最大値から6時間程度の時間的遅れをもって変動している。

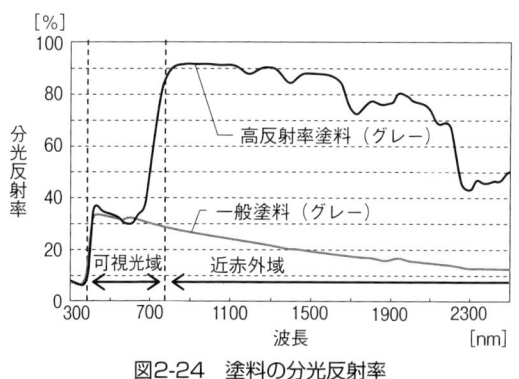

図2-24　塗料の分光反射率

2.4 高反射率化技術の適用事例（高反射率塗料3）

夕方の最高温度時で約5℃程度、高反射率塗料部分の温度が低い。また、その他の時間帯も、高反射率塗料部分の温度が低い。これより、高反射率化によって屋根表面からの日射吸収量が減少し、屋根内部の伝熱量を減少させていることが確認できる(図2-26)。

4) 室温は最高値が夕方ごろに見られる。これは、屋根面からの伝熱と壁や窓からの伝熱の相互影響の結果であると考えられる。また、屋根表面や屋根裏面ほど大きな温度差ではないが、高反射率塗料部分の室温が低い（図2-27）。

以上より、屋根表面での日射吸収量が減少し、その結果、室内への屋根からの伝熱量が減少していると考えられる。また、屋根の蓄熱が減少していると考えられ、熱帯夜の抑制に寄与しているものと考えられる。

[出典]
大木泰祐・近藤靖史・光本和宏：実測による高反射率塗料の遮熱性能に関する研究,日本建築学会学術講演梗概集, pp.261-262, 2005年.

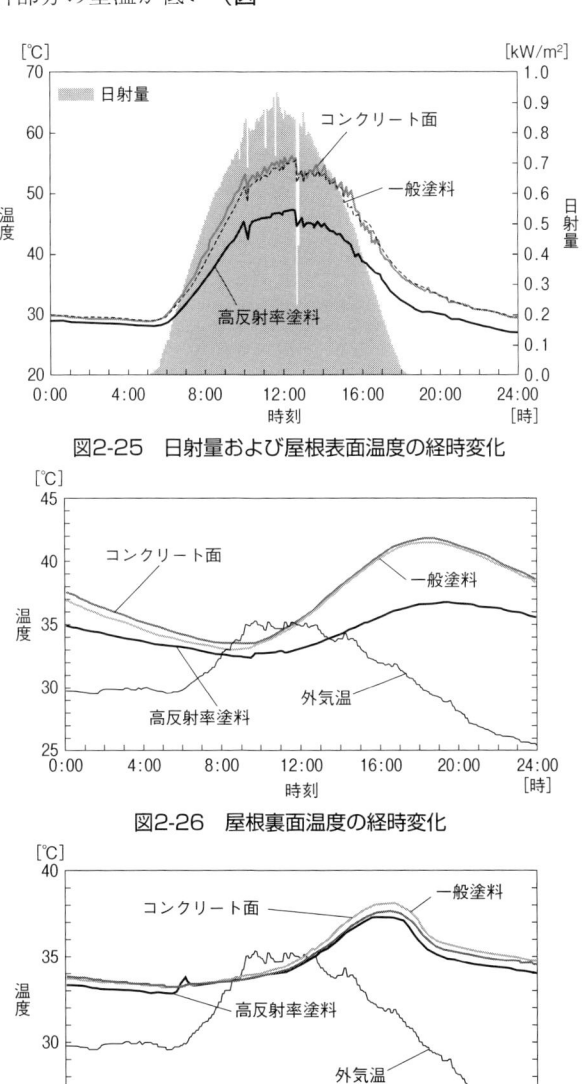

図2-25 日射量および屋根表面温度の経時変化

図2-26 屋根裏面温度の経時変化

図2-27 室温の経時変化

第2章 高反射率化技術(高反射率塗料、高反射率シート等)の概要と適用事例

高反射率塗料 4
コンクリート屋根 集合住宅の評価事例

> **概要**
> 高反射率塗料の日射反射性能を検証するために、集合住宅の屋根に塗布し、高反射率塗装部と一般塗装部の比較を行った。この結果、屋根表面・裏面温度、天井室内側表面温度、室温は一般塗装に比べて低くなることが確認された。この傾向は夜間においても見られ、躯体への蓄熱が減少していることが確認できる。

■物件概要(図2-28)

建物名称:社宅
所在地:埼玉県
用途:集合住宅
延床面積:不明
総階数:地上5階
屋根構造:コンクリート屋根

図2-28 建物外観

■技術概要(図2-29)

施工面積:104m^2
塗装仕様:高反射率塗料
塗装色:N7グレー
　　　　(日射反射率44%)

図2-29 分光反射率

■測定概要

屋根の高反射率化の効果を検討するために、集合住宅の1住戸の屋根に高反射率塗料を塗布し、屋根表面温度、屋根裏面温度、天井

高反射率塗装

高反射率塗装 46.2℃

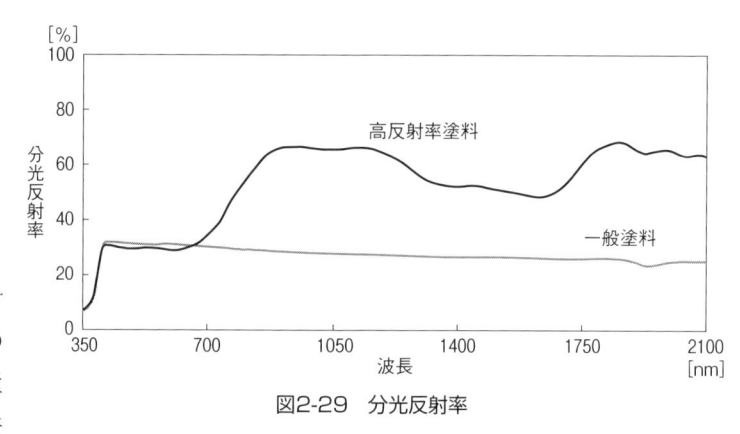

52.3℃

図2-30 熱画像による表面温度の比較(口絵p,2参照)

2.4 高反射率化技術の適用事例(高反射率塗料 4)

室内側表面温度、室温などを測定して、その効果を確認した。

■主な結果

1) 屋根表面温度は熱画像では6℃程度、高反射率塗装部が低い(図2-30)。また、高反射率塗装部は、日中、最大で5～6℃程度、夜間も1～2℃程度、高反射率塗装部の温度が低い(図2-31)。これより、高反射率化により、屋根面での日射吸収量が減少し、表面温度の上昇が抑制されていることが確認できる。

2) 屋根裏面温度は、表面温度が最高になる時刻から6時間ほど遅れて最高値になり、このとき、高反射率塗装部は一般塗装部より1～2℃程度低い温度となった。天井の室内側温度および室温は13時頃に最高値となり、このとき、高反射率塗装部は一般塗装部と比べて1℃程度低温であった(図2-32)。高反射率塗装部の屋根表面温度および屋根裏面温度が終日低いことから、屋根表面で日射吸収量が減少し、室内側への伝熱量が減少していると考えられる。また、屋根での蓄熱が減少していると考えられ、ヒートアイランド現象の抑制に寄与するものと考えられる。

[出典]
西村欣英・松尾陽・三木勝夫・村瀬俊和:太陽熱高反射塗装の日射熱防除効果(その2),日本建築学会学術講演梗概集,pp.357-358,2004年.

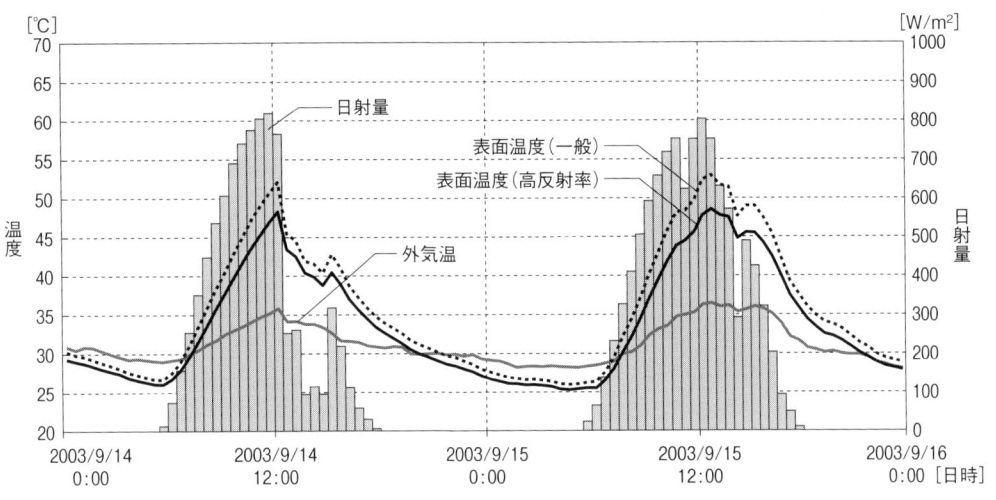

図2-31 気象条件および屋根表面温度の経時変化

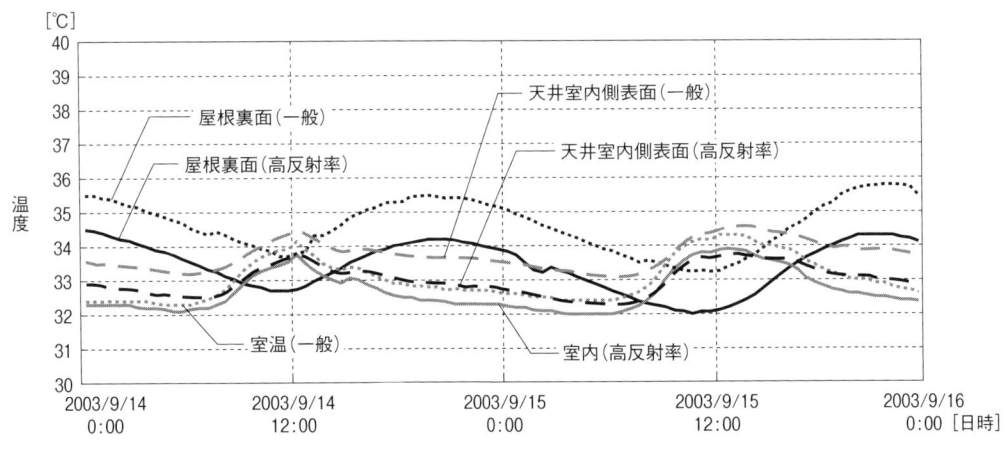

図2-32 屋根裏面・天井室内側表面温度および室温の経時変化

第2章　高反射率化技術(高反射率塗料、高反射率シート等)の概要と適用事例

高反射率舗装 1
工場内道路での評価事例

概　要
アスファルト舗装面に高反射率塗料を塗布し(以下、高反射率舗装という)、路面の日射吸収を減少させることで、舗装への蓄熱を減少させることが可能である。この効果によって、ヒートアイランド現象の緩和を図るものである。この効果の確認のために行った実測結果では、舗装表面温度および舗装内部温度(地中温度)の低下が日中および夜間に確認され、地中の蓄熱量の減少が確認された。

■物件概要(図2-33、2-34)
名称：事業所内道路
所在地：東京都品川区
用途：道路

■測定概要
　高反射率舗装と一般舗装の反射日射量、舗装表面温度、舗装内部温度(地中50mmと地中200mm)を測定し、両者の比較を行った。
実測：2006年8月18日(晴天)。口絵p.7も参照。

■技術概要
施工面積：約246m^2
道路表面の日射反射率
一般舗装：7%
高反射率舗装：34%

図2-33　舗装概観(破線内が高反射率舗装)

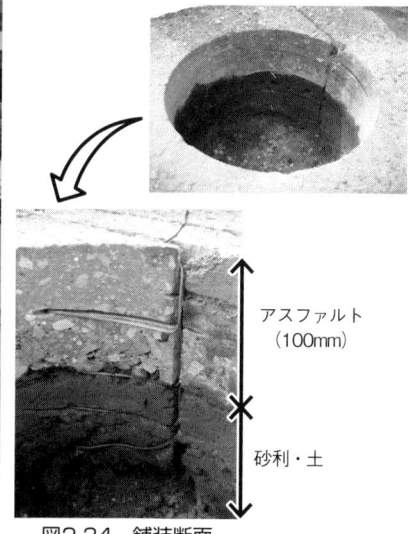

図2-34　舗装断面

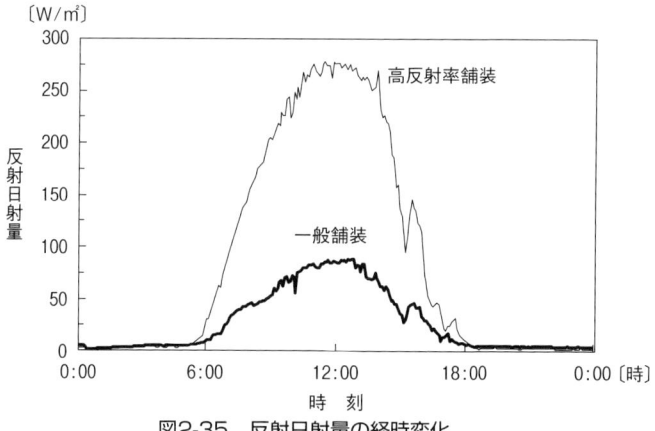

図2-35　反射日射量の経時変化

2.4 高反射率化技術の適用事例(高反射率舗装 1)

■**主な結果**

1) 反射日射量は、一般舗装に比べ高反射率舗装のほうが多く、最大で約200W/m^{2}の差が確認された。これより、両者の反射率の差が確認できる(図2-35)。
2) 舗装表面温度は終日、高反射率舗装のほうが低く、日中で最大10℃、明け方で約1℃低い。舗装表面を高反射率舗装にした場合、日中の表面温度上昇を大幅に減少させると同時に、地中への蓄熱を低減させる効果が確認できる(図2-36)。
3) 舗装内部温度は、終日、高反射率舗装のほうが一般舗装より低く、地中50mmでは最大で約6.5℃、地中200mmでは約5℃低くなっている(図2-37)。
4) 舗装表面温度と舗装内部温度を比較すると、日中は表面温度が高く、舗装内部の深い位置の温度が低い。これに対し、日没後はこの傾向が逆転し、地中200mmの温度が最も高く、表面温度が最も低い。舗装表面温度と地中200mmの同時刻での温度差を比較すると、一般舗装では最大24.5℃、高反射率舗装では最大約19℃であり、高反射率舗装により地中への蓄熱量が減少することが確認できる。

[出典]
近藤靖史・小笠原岳・金森博:実測と熱収支解析による道路舗装表面からの顕熱放散量の検討—道路舗装面の高反射率化によるヒートアイランド緩和(その1),日本建築学会環境系論文集,Vol.73 No.628,pp.791-797,2008年.

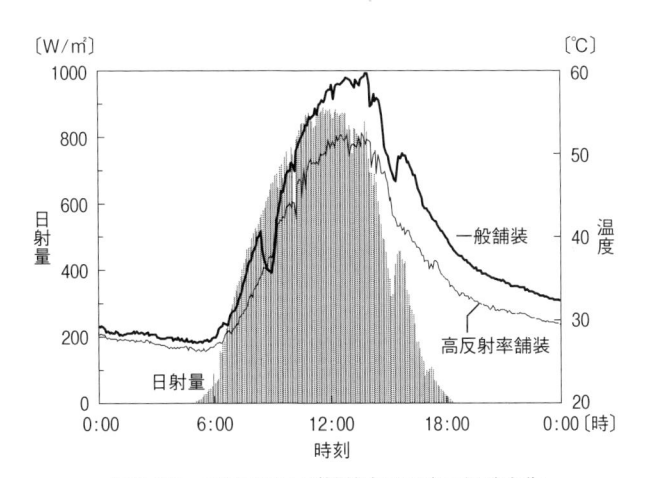

図2-36 日射量および舗装表面温度の経時変化

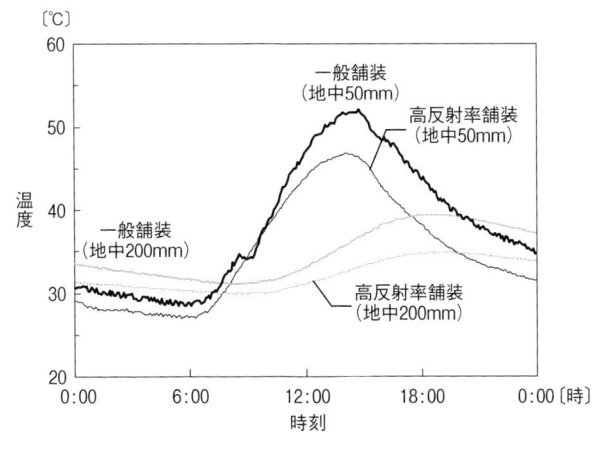

図2-37 舗装内部温度の経時変化

高反射率舗装 2
市道における評価事例

> **概要**
> 都市部の熱環境や歩行環境の改善、舗装への蓄熱を防ぎヒートアイランド緩和に寄与することを目的として施工される高反射率舗装を、排水性舗装に適用している。これにより、既存の舗装性能を変えることなく、路面温度上昇を抑制する機能を付加している。この効果を測定により検証した。

■物件概要(図2-38)
名称:横浜市市道
所在地:神奈川県横浜市片倉区
用途:道路

■技術概要(図2-39)
施工規模:幅員3.0m×延長120m(360m^2)
舗装種類:排水性舗装+高反射率舗装
施工日:2003年7月28日

■測定概要
排水性舗装に高反射率舗装を適用した路面の温度低減効果および路面の基本的な性能である浸透水量を、施工直後および施工1年後に評価した。

■主な結果
1) 舗装表面温度の日最高値は排水性舗装より高反射率化した舗装のほうが低く、高反射率化の効果が確認できる。この効果は、舗装後約1年経過しても持続していた(図2-40)。

図2-38 舗装の外観

図2-39 舗装表面の状態

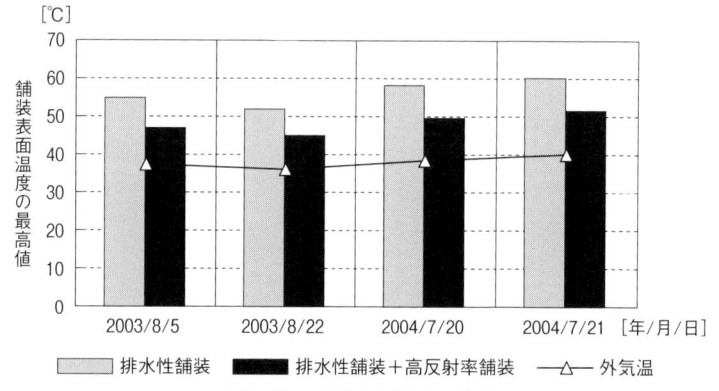

図2-40 舗装表面温度の比較

2.4 高反射率化技術の適用事例(高反射率舗装2)

2) 舗装内部(地中10mm)の温度は排水性舗装より高反射率化した舗装のほうが終日低いことから、舗装内部での蓄熱を減少させる効果が確認できる。これより、舗装表面を高反射率化することで、夜間の顕熱放散量を減少させる効果が期待でき、ヒートアイランド緩和に寄与するものと考えられる。この効果は、1)と同様に、施工後1年経過しても持続していた(図2-41)。

3) 浸透水量は、高反射率舗装を施工することで10%程度低下している。また、浸透水量は施工1年後には980mL/15secまで低下している(図2-42)。ただし、国土交通省による施工直後の浸透水量の基準値は1,000mL/15secであり、施工後1年経過していることを考慮すると、大きな問題となるレベルではないと考えられる。浸透水量の低下は、アスファルトの空隙の詰まりや空隙の潰れが主因と考えられる。

[資料提供]
鹿島道路株式会社

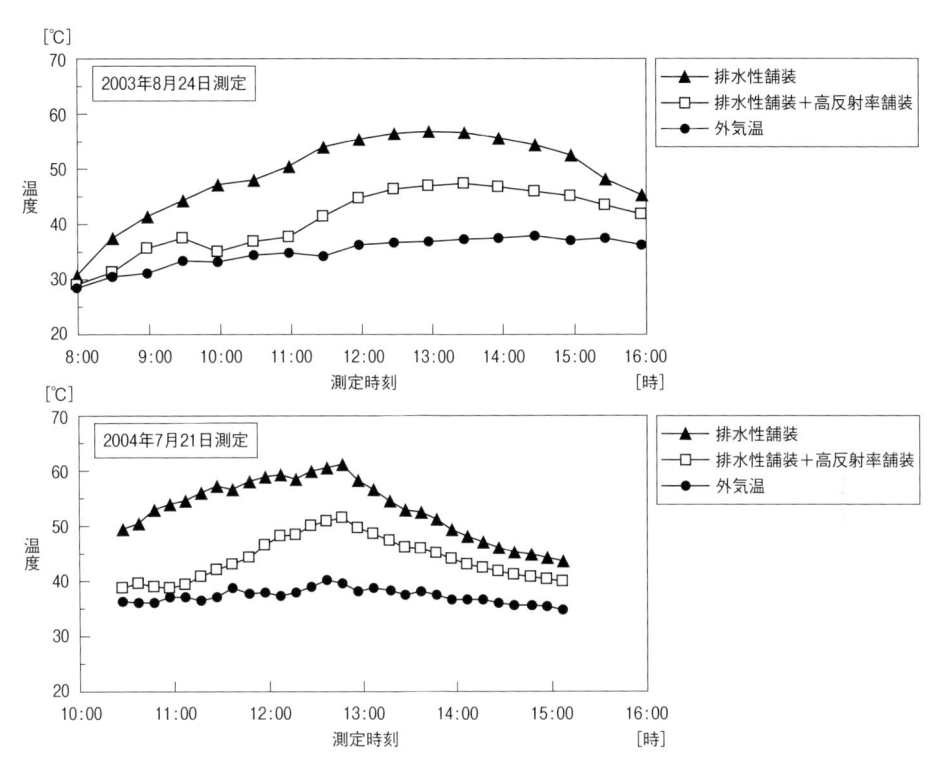

図2-41 舗装内部温度の経時変化(上段:施工直後、下段:施工1年後)

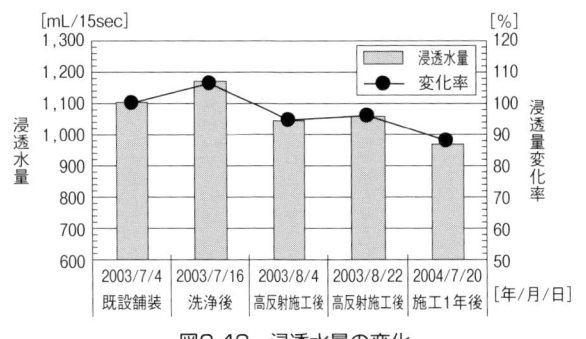

図2-42 浸透水量の変化

第2章 高反射率化技術(高反射率塗料、高反射率シート等)の概要と適用事例

高反射率膜 1
大学屋上への設置事例

概　要
膜面に作用する外圧に対して耐力が高く、ゆるみを生じにくいテンション方式の日射制御膜を開発し、構法的有効性と温熱特性が検討されている。

■物件概要(図2-43)
建物名称：横浜国立大学建築学科棟
所在地：横浜市
用途：大学

■技術概要
膜材料：ETFE
日射反射率：83%(白色)、12%(透明UVC)

[資料提供]
横浜国立大学河端昌也氏

図2-43　横浜国立大学建築学棟屋上の高反射率膜

高反射率膜 2
戸建住宅への設置事例

概　要
住宅バルコニーに高反射率膜を設置することにより、屋上に達する日射量が80%低減され、屋上表面温度の上昇が抑制されることが確認されている。

■物件概要(図2-44)
所在地：埼玉県
用途：戸建住宅

■技術概要
膜材料：PTFE
日射反射率：78%(白色)

[出典]
田村健・酒井孝司・松尾陽：既存建物に設置した外皮膜の日射遮蔽効果の実測, 日本建築学会学術講演梗概集, pp.849-850, 2009年.

図2-44　住宅バルコニーに設置された高反射率膜

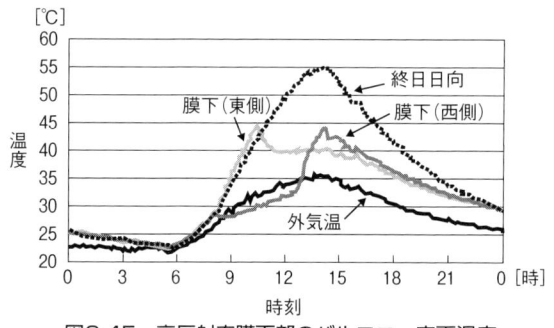

図2-45　高反射率膜下部のバルコニー表面温度

2.4 高反射率化技術の適用事例(高反射率膜1〜4)

高反射率膜3
壁面への設置事例

概　要
外壁面改修に際し、既存壁の外側に高反射率膜を設置している。

■物件概要(図 2-46)
建物名称：三井生命保険ビル成城ビル
所在地：東京都世田谷区
用途：事務所ビル
発注者：三井生命
設計事務所：三井生命
施工者：清水建設

■技術概要
日射反射率：77％

図2-46　壁面に設置された高反射率膜

[資料提供]
太陽工業株式会社

高反射率膜4
体育館への適用事例

概　要
ヒートアイランド低減と照明負荷削減を目的に、屋内運動場の屋根に高反射率膜を採用している。

■物件概要(図 2-47)
建物名称：智辯学園和歌山中・高等学校屋内運動場
所在地：和歌山市
用途：体育館
発注者：智辯学園和歌山中・高等学校
設計事務所：株式会社佐藤総合計画
施工者：赤土建設株式会社

■技術概要
日射反射率：77％

[資料提供]
太陽工業株式会社

図2-47　屋内運動場の外観(上)と内部(下)

第2章 高反射率化技術(高反射率塗料、高反射率シート等)の概要と適用事例

高反射率膜5
鉄道プラットホームへの適用事例

概　要
プラットホームの屋根を高反射率膜とし、自然光を取り入れ照明負荷の低減を行うとともに、人体の日射受熱量を低減している。

■物件概要(図2-48)
所在地：京都市伏見区
用途：プラットホーム
発注者：京阪電鉄
設計事務所：京阪電気鉄道株式会社・大林組
施工者：大林JV・銭高JV

■施工者
大林組・間組・公成建設・仁木総合建設JV
銭高組・京阪エンジニアリングサービス・ケイコン・古瀬組JV

■技術概要
日射反射率：79％

[写真提供]
太陽工業株式会社

図2-48　プラットホームの外観(上)と中の様子(右)

2.4 高反射率化技術の適用事例(高反射率膜 5〜7)

高反射率膜 6
ショッピングモールへの適用事例

概　要
ショッピングモール内の歩行通路に高反射率膜の屋根を設置し、歩行者の日射受熱量を低減している。

■物件概要(図2-49)
所在地：大阪市
用途：ショッピングモール
発注者：東急不動産
設計事務所：株式会社東急設計コンサルタント
施工者：竹中工務店・東急建設JV

■技術概要
日射反射率：79%、77%

[写真提供]
太陽工業株式会社

図2-49　ショッピングモール通路の様子

高反射率膜 7
空港施設の歩道への適用事例

概　要
空港の駐車場と空港ビルを結ぶ歩行通路に高反射率膜屋根を設置し、歩行者の日射受熱量を低減している。

■物件概要(図2-50)
所在地：千葉県成田市
用途：空港施設通路
発注者：成田国際空港株式会社建築工事グループ
設計事務所：株式会社日建設計
施工者：常総・阿部経常建設共同企業体

■技術概要
日射反射率：79%

[写真提供]
太陽工業株式会社

図2-50　空港施設内通路の様子

高反射率防水シート1
事務所の改修工事での適用事例

概　要
大阪市が公募した「ヒートアイランド対策と循環型社会の推進：赤外線反射機能による建物屋根の遮熱性向上技術」に選定され、改修工事として採用された。

■物件概要(図2-51)
所在地：大阪府大阪市城東区
用途：事務所
発注者・設計：大阪府住宅街づくり部
防水施工者：山一建材工業㈱
施工時期：2006年12月～2007年2月
施工面積：540m²

図2-51　改修工事後の状況

■技術概要
既存防水層（アスファルト防水保護コンクリート仕上げをウレタン塗膜防水で改修）を、塩ビ系高反射率防水シートで再改修した。

日射反射率：66.1%

■表面温度の測定結果(図2-52)
2007年5月14日の測定により、高反射率防水シートは従来の防水シート(ライトグレー色)に比べ、表面温度で最大約9℃の温度低減効果を確認できた。スラブ(コンクリート床)面では約10℃、スラブ下面では約2℃の温度差があった。
また、夜間においても表面温度が低く維持されていることも確認でき、ヒートアイランド緩和に寄与しているものと考えられる。

[資料提供]
アーキヤマデ㈱

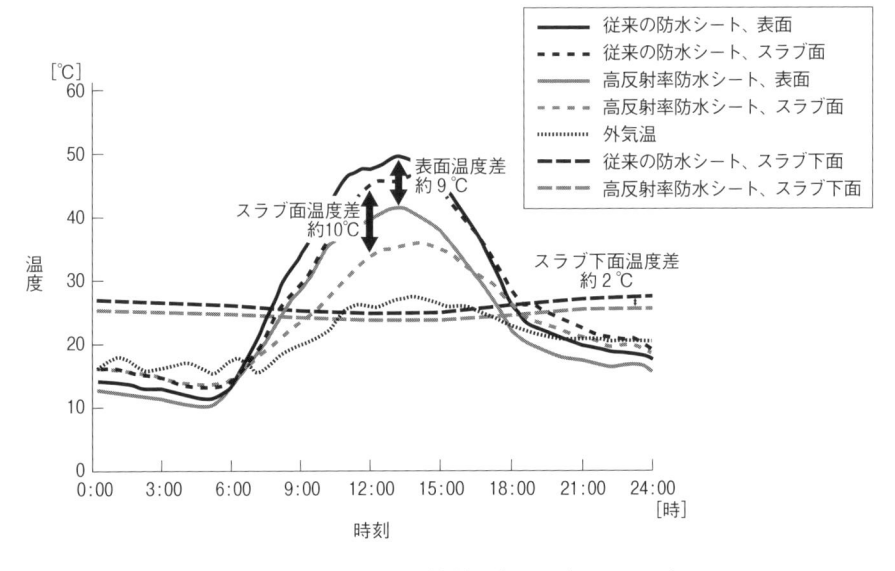

図2-52　表面温度の測定結果(2007年5月14日)

高反射率防水シート2
学校のエコ改修での適用事例

概要
エコスクールの認定を受けた学校の屋上防水改修工事を行うにあたり、環境配慮型の高反射率防水シートが採用された。環境教育の観点からも、高反射率防水シートの効果検証を実施した。

■物件概要(図2-53、口絵p.3参照)
所在地：兵庫県神戸市垂水区
用途：学校
発注者：神戸市都市計画総局建築技術部建築課
設計監理：㈱東畑建築設計事務所
防水施工者：富士防水工業㈱
施工時期：2007年10月
施工面積：741m²

■技術概要
既存防水層(露出アスファルト断熱防水)を、塩ビ系高反射率防水シートで改修した。
日射反射率：66.1%

■効果の概要(図2-54、口絵p.3参照)
2007年8月の熱画像撮影装置による測定により、未改修屋根(露出アスファルト防水)に比べ、高反射率防水シートの表面温度が約10℃低いことを確認した。

[資料提供]
アーキヤマデ㈱

図2-53 改修工事後の建物外観

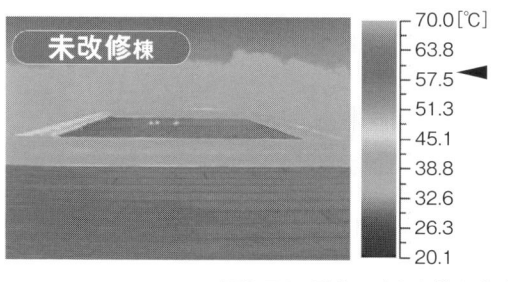

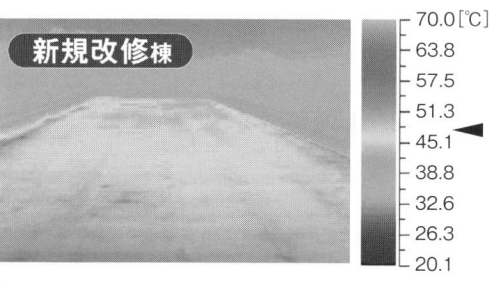

図2-54 改修工事した棟と未改修の棟の屋上の表面温度分布の比較

第3章

緑化技術
（屋上緑化、壁面緑化、外構緑化等）
の概要と適用事例

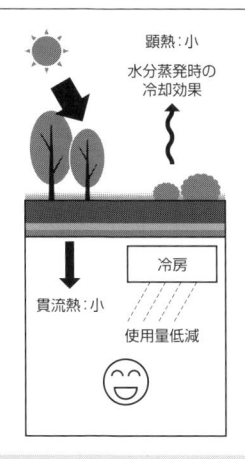

第3章　緑化技術(屋上緑化、壁面緑化、外構緑化等)の概要と適用事例

大都市においては、都市化に伴い緑が減少しており、それがヒートアイランド現象の要因とされることから、ヒートアイランド緩和に向けて緑地を増やす重要性が増しています。しかしながら、高度に密集した都市においては、大規模な緑地空間を新たに創出することが難しく、そのため、建物新築時における屋上緑化の義務付けなど、建物や建物に付随する空間の緑化が推進されています。

ここでは、屋上や壁面などの建物緑化に加え、建物外構の緑化、さらに近年開発・推進が進んでいる駐車場、学校の校庭、路面電車の軌道などの緑化技術なども、緑化による熱環境改善技術として取り上げます。

3.1

期待される効果と留意点

3.1.1
都市緑化の効果

都市内における建物やその周囲も含めた、いわゆる「都市緑化」によって期待される効果は多岐にわたっており、主要なものとしては、ヒートアイランドの緩和、省エネルギー、生態系の復元、アメニティ(癒し)の創出や景観形成等を挙げることができます。以下に、緑化に期待される効果を挙げます(図3-1)。

①ヒートアイランド緩和効果(都市大気への顕熱量の低減効果、クールスポット・冷気生成効果)
②空調負荷低減による建物の省エネルギー効果
③生態系保全・復元、生物多様性維持、ビオトープ空間創出
④アメニティ、景観形成
⑤雨水貯留・雨水流出遅延、雨水の有効活用
⑥騒音低減効果
⑦大気汚染軽減(ガス吸収、エアロゾル・粗大粒子捕捉)
⑧コミュニティー形成支援、自然教育、環境教育、生命教育
⑨防災効果(火災延焼抑制、避難路確保)、防風効果

上記に示した緑化により期待される効果の中で、ヒートアイランド緩和や省エネルギーは比較的効果を定量化しやすいものとして取り上げられ

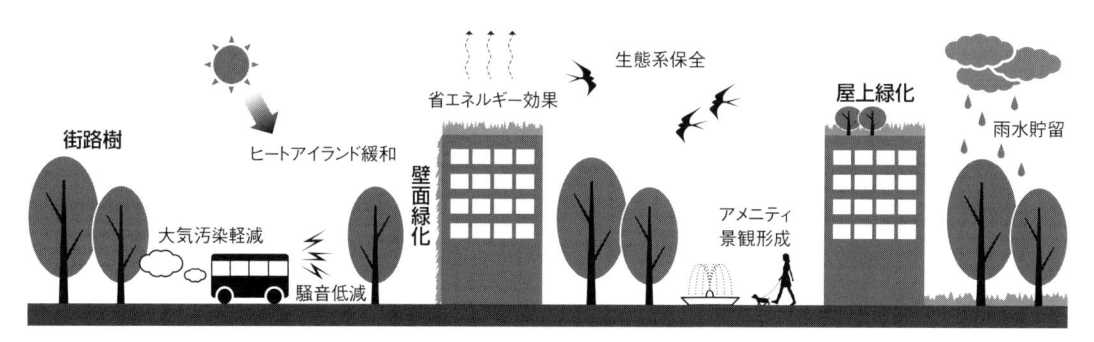

図3-1　都市緑化に期待される効果

3.1 期待される効果と留意点

建物表面における熱の収支式

放射収支量（日射＋赤外放射の収支） ＝ 顕熱＋潜熱＋伝導熱

顕　熱 ＝ 空気を温める熱
潜　熱 ＝ 植物の蒸発散で消費される熱
伝導熱 ＝ 固体（建物や土壌など）に伝わる熱

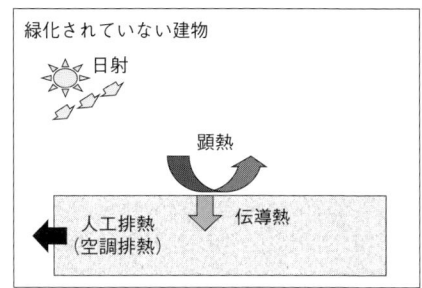

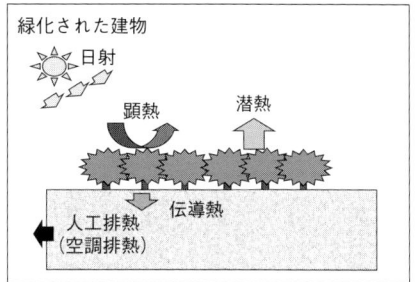

図3-2　建物屋上面における熱収支の概念図

ることが多く、ここでもこれらの効果を中心に説明します。

緑化によるヒートアイランド緩和および省エネルギー効果については、地表面や屋上面における熱の収支により説明することができます。屋上緑化の効果についての熱収支の概念図を図3-2に示します。

地表面や建物表面においては、日射や赤外放射の収支として入ってきた放射収支量は、空気を温める熱（顕熱）、水分の蒸発や植物の蒸発散で消費する熱（潜熱）、および地中や建物に伝わる熱（伝導熱）に配分されます。この配分の割合は、表面を構成する素材の熱伝導率や熱容量、蒸発効率といった熱特性によって異なります。

屋上緑化を行った場合、植物の蒸発散で潜熱を消費することで、緑化していない場合に比べ屋上からの顕熱や伝導熱が相対的に小さくなる可能性があります。顕熱が小さくなることでヒートアイランド緩和の効果が期待され、伝導熱が小さくな

ることで天井からの貫流熱量が低減し、空調負荷削減や人工排熱低減によるヒートアイランド緩和効果も期待できます。

3.1.2
都市緑化の留意点

都市緑化の中でも、屋上緑化や壁面緑化等の建物緑化を推進していくうえでは、以下に示すような施工や維持管理に関わる費用負担や技術的課題があり、注意が必要です[3-1〜3]。

(1) コスト・管理に関する課題

屋上緑化にかかる費用の例を表3-1に示します。良い景観を維持するとともに、ヒートアイランド緩和や省エネルギー等の効果を維持していくうえでも、適切な管理が必要であり、そのためには費用を要することを理解していくことが重要です。特に、植物の健全な成長や蒸発散による効果

表3-1　屋上緑化に要するコストの目安

施工コスト 小 ←――――――――――→ 施工コスト 大

	芝生緑化	セダム緑化	低木緑化	複合緑化
施工コスト	1.5〜2万円/m^2	2〜3万円/m^2	3〜4万円/m^2	5〜7万円/m^2
管理コスト（年間）	1,800円/m^2	650円/m^2	2,000円/m^2	3,000〜4,500円/m^2

を維持するためには、適切な灌水が必要であり、芝生の場合では、夏季において5L/(m²・日)程度の灌水が必要とされています。

(2) 建物緑化の荷重に関する技術的課題

屋上緑化を計画する際に、重要な検討事項の一つが積載荷重の条件です。**表3-2**に積載荷重と可能な緑化仕様について示します。既存のオフィスビルの屋上に可能な緑化はせいぜい低木類までであり、高木の植栽はごく部分的な適用以外は難しいことがわかります。

表3-2 建物用途と積載荷重、緑化仕様

建築用途	積載荷重	全面緑化	部分緑化（50％程度）
オフィス 住宅	床：180 kg/m² 梁：130 kg/m² 地震：60 kg/m²	土層厚7cm以下。 （人工土壌使用時の目安）	土層厚15cm程度。 芝生は灌水装置付きでギリギリ可能。
学校 デパート	床：300 kg/m² 梁：240 kg/m² 地震：130 kg/m²	土層厚15cm程度。 芝生は灌水装置付きでギリギリ可能。	土層厚30cm可能。 灌木類が可能。

(3) その他の課題

屋上緑化や壁面緑化が一般の緑化と大きく異なる点は、建物自体に植栽基盤が接した形で緑化されることにあり、建物の機能を損なうことも懸念される問題です。

建物の屋上には雨漏りを防ぐために、アスファルトやウレタンなどの「防水層」があります。屋上に土壌を敷き植物を植えると、植物の成長に伴い根も伸びて土壌の中を広がっていきますが、植物の根は非常に強く、防水層を根が突き破り、雨漏りを起こす危険性があります。そこで、植物の根の侵入を防ぐための「防根層」を設けることが必要です（「防根層」は「耐根層」と呼ばれることもありますが、本書では、この層の目的が根の侵入を防ぐことであり、従来より技術書で適用されている表現である「防根層」を用います）。この防水層や防根層が不十分な場合には、漏水の原因となるため、注意深く選定・設置される必要があります。

図3-3は、防根性が弱い防水層やシール部分に根が侵入した不具合の様子を示します。また、適切な排水計画と機能の維持も重要です。

そのほかにも、施工時においても、防水層を傷つけない施工や床の耐荷重を確認したうえでの客土材や資材の配置、また高所では、資材の風散養生などが注意すべきポイントとなります。

図3-3 防根性が不十分な材料による不具合の事例
　左は防根性が弱い防水シートに根が侵入した事例。右は壁と基礎の間に施工したシール部分に植物が侵入した事例。

3.2 建物緑化の技術動向

3.2.1 建物緑化技術の現状

　クールルーフの視点から、東京都が屋上緑化の義務を課したことで、新たに屋上緑化事業に参入した企業が急増しました。その内容は、軽量かつ薄層で、省メンテナンスな工法が多くなっています。多くは植物まで含んだ一体型システムですが、建築や植物に対して十分な知識のない企業が参入したことで、パネルの飛散や経年的な植物の枯死や飛散等のトラブルも見受けられました。

　建物緑化は、建築・土木分野と造園分野の中間に位置しています。建築空間において緑化を計画し施工・管理を行うためには、専門的な知識や技術が必要とされます。

　資材・工法の開発は進んでいますが、現実に計画・設計および施工、維持管理を行ううえでの手法、注意点を知っている経験者が少ないため、トラブルも多いというのが現状です。

3.2.2 建物緑化に配慮した建築

(1) 屋上緑化の荷重は固定荷重で計画

　屋上緑化を行うためには、屋上に土壌などの重量物を載せることになります。緑化の荷重を、建築計画時に固定荷重として組み込んでおくことが、最も重要です。

　固定荷重を増加できない場合、防水層上の押えコンクリートをなくし、露出防水とすることで押えコンクリートの荷重分を緑化に回し、緑化用の荷重を確保する手法もあります。押えコンクリートは固定荷重で設計しているため、緑化に仕様を変えた場合でも荷重的には何ら問題はありません。この場合、屋上面全面を緑化することで、押えコンクリートの機能を緑化に肩代わりさせるようにします。部分緑化とすると、紫外線・温度変化・水分状況などが、非緑化部分と緑化部分の防水層に異なる影響を与えるので、耐久年数が大きく減少してしまいます。

(2) パラペット(防水立ち上がり)、ルーフドレン

　屋上面全面を緑化することにより、別途見切り材を設置せずに屋上面全体に土壌を入れて緑化することが可能になります。ドイツ、韓国など、海外では、この工法が一般的です(図3-4)。この場合、緑化計画に合わせて建築外周のパラペット(防水層上端)を、想定土壌表面高さより15cm以上高くします(図3-5)。屋上からの排水設備であるルーフドレンの数・管径は、緑化を行わない屋上より増やし、壁面および搭屋からの雨水流入量の計算も行うことが望まれます。

(3) 防根層、保護層を建築で行う

　屋上緑化を行う場合、防水層および防根層、保護層(防水層・防根層を保護する層)まで含めて、建築施工者が施工することが望ましいと言えます。

3.2.3 建物緑化の工法・資材

　建物緑化の工法・資材においては、大きく2通りに分けて考えるべきです。すなわち、薄層の緑化システム工法として開発されたものを採用する場合と、種々の資材を組み合わせて(積層させて)

第3章 緑化技術(屋上緑化、壁面緑化、外構緑化等)の概要と適用事例

図3-4 屋上面全面緑化の例：韓国[3-4]

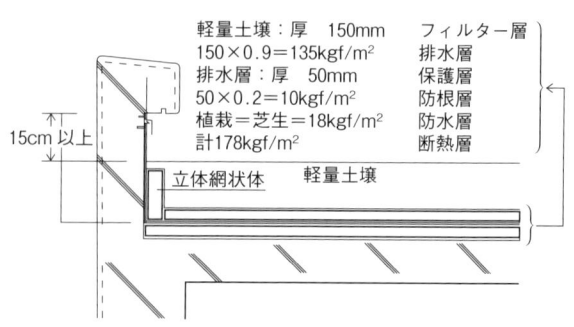

図3-5 屋上全面緑化の断面[3-4]

計画する場合です。その理由は、工法の選択によって、資材の検討項目が大きく異なってくるからです。

緑化システム工法を採用する場合、システムに容器、培地、植物、灌水装置(システムによる)等が組み込まれています。したがって、適正な緑化システムが選定できれば、設計者の役割はほぼ終了です。

一方、積層型の緑化を計画する場合では、種々の資材の知識がなければ、設計は不可能です。

(1) 緑化システム工法・資材

緑化システム工法・資材は、十数年の間にめまぐるしく変化し、開発当初のシステムがそのまま残っているものはないと言えます。また、取り扱いを中止した企業や廃業した企業も見られます。現在も新たな参入企業がありますが、どこまでフォローしてもらえるかを見極めて、システムを採用することが重要です。

セダム緑化が急激に普及し始めた当時は、生産の容易さからメキシコマンネングサのみの緑化が主流でしたが、経年的な残存率の少なさから、最近では多種のセダム種混合や、他のセダム種を使用するシステムが主流になってきています。

(2) 緑化用土壌(培地)

緑化用の土壌(培地)は多くの資材が開発されていますが、種々の問題も起きています。目減りの問題は有機質土壌で発生しており、土壌の粒径が粗すぎたり微小すぎたりする資材も過去にはありましたが、淘汰されてきました。

土壌以外の基盤として、ブロック状や板状の培地が流通し始めていますが、水分状況、耐久性、形状・寸法、素材がまちまちです。個々の資材に対する深い知識がないと、個別の使用は困難です。素材には、樹脂発泡材、繊維リサイクル材、ロックウール、針葉樹樹皮固化材、土壌の繊維による固化材、産業廃棄物の固化材等があります。

(3) 灌水装置とその制御方法

最近の灌水装置の主流は点滴灌水であり、エミッター(吐出孔)内蔵型の点滴パイプでは機能的トラブルはほぼないと言えます。しかし、その使い方において、エミッター間隔、配管間隔、吐出量、灌水間隔、管の外的破損等のトラブルは多く、使用方法を周知しておくことが重要です。

トラブルの原因は、建築全体の水需要の時間的逼迫、他業者による元栓の止水等が主なものです。特に、後述する壁面基盤型の緑化においては、無灌水期間が3日も続くと壊滅的なトラブルとなりますが、他業者による元栓の止水で枯損した場合でも、原因者の特定ができず（枯れ始めて通水する場合が多い)、施工業者の負担での改修が余儀なくされています。この問題を解決するため、自動カメラによる監視や、通水・流量・土壌水分の検知・通報システム等が開発されつつあります。

屋上緑化では、現場の降雨・気温・土壌温度・土壌水分測定やウエザー（気象）関連企業等との連携による遠隔自動灌水システムも検討されています。

(4) 壁面緑化

壁面緑化は緑化面積へのカウント方法が変わったことにより、急速に増加しています。そのような状況の中で、建築の意匠面からの要望により線材を登はん補助資材に用いた壁面緑化と、壁面に基盤を設ける緑化（壁面基盤型）が増加しています。

線材を補助資材とする場合、忠実・堅固巻付き登はん型の植物のみが可であり、それ以外の組み合わせは不向きです。やむをえず他の登はん型植物を組み合わせる場合は、ずり落ちないよう必ず堅固な結束を行い、さらに結束資材のつるへの食い込みを防止するため、年1回はすべて結束し直すことが不可欠です。しかし、不適切な組み合わせでそのような処置を行っていない場合が多く、今後問題発生が多発することが懸念されます。

壁面基盤型緑化の場合、事例が増加してからの経過年数は少ないものの、いくつかの問題が発生しています。植栽基盤の量が少ないため、基盤材の質的な面を含めて、経年的にどこまで生育可能かは未知の部分であり、基盤材劣化によるトラブルの例もあります。短期での交換を前提とした壁面基盤型緑化システムも出現していますが、このほうが現実的であるように思われます。

(5) 建物緑化の植物材料

建物緑化においては、地上部と大きく異なる建築物上の生育環境と、基盤を含めた条件を踏まえた植物種の選択が重要です。植物の生育耐性を記載している既往文献の多くは、生育している環境を元にしている場合が多く、実際の耐性とは異なることが判明しつつあります。耐乾性、耐風性（風での倒木・折損を含む）等、屋上緑化で最も重視される耐性の実証による究明が待たれます。

個々の植物の光要求量は、光合成に必要な光強度と持続時間による光合成有効放射量で表すべきです。しかし、生存だけでなく開花・結実、収穫量等まで考慮した研究は皆無です。光合成有効放射量の測定方法を含めて、光要求量の数値化が求められています。魚眼レンズによる天空写真、作図による天空図から光の総量を算出する手法が模索されています。

3.2.4
新たに求められる緑化技術

現在、建物緑化にかかわる技術・資材は、多岐にわたるものが開発・販売されています。しかし、設計者が技術、資材を選定する際の基礎となる性能、規格、耐久性、安全性等の評価基準がほとんどないことも事実であり、それらの確立が望まれます。

また、新規に参入した施工業者の増加により、ごく単純な初歩的ミスによるトラブルが多発しています。工種として、屋上緑化が、造園工であることの再認識を呼びかける必要があります。

管理においては、設計意図・機器の作動等、管理者への引継ぎ、および管理担当者の変更に伴う引継ぎミスによるトラブルが多く見られます。

設計者・施工者・管理担当者の認識・知識・技術を高めるための教育・資格制度として、現在「屋上開発研究会」が「屋上緑化コーディネータ」の資格制度を立ち上げています。

[引用文献]
3-1) 三坂育正：都市におけるクールスポット「屋上緑化によるヒートアイランド緩和」，空気調和・衛生工学，No.83，pp.73-78，2007年.
3-2) 今野英山：緑化の技術的視点，特集「建築の緑化を考える」，建築技術，629，pp.91-93，2002年.
3-3) 日経アーキテクチュア：実例に学ぶ屋上緑化，日経BP社，2003年.
3-4) 藤田茂：日本一くわしい屋上・壁面緑化，pp.39-40，㈱エクスナレッジ，2012年.

第3章　緑化技術(屋上緑化、壁面緑化、外構緑化等)の概要と適用事例

屋上緑化 1
ステップガーデンが山を形成

概要
建物南側の公園と一体化したオープンスペースをつくるために、地上1階から約60mの高さにある屋上までを緑豊かなステップガーデンにすることで、「山」を形成する。

■緑化技術の種類
南面全面階段状緑化(混植手法)

■物件概要(図3-6)
名称：ステップガーデン
所在地：福岡市中央区天神1-1-1
用途：複合施設(賃貸オフィス、音楽ホール、会議場、商業施設)
発注者：第一生命保険・三井不動産、福岡県
設計者：日本設計・竹中工務店
植栽計画：プランタゴ
施工者：竹中・鹿島・清水・九州・高松・戸田JV
施工期間：1992年1月〜1995年3月
構造：S造・SRC造・一部RC造
階数：地下4階・地上14階
延床面積：97,493m^2

■緑化概要
緑化面積：約8,000m^2
土壌種類：無機質人工軽量土壌(アクアソイル)
土壌厚：500mm(平均)
土壌の荷重：325kg/m^2
排水材：透水マット厚30@2,000
　　　　＋透水シート厚10(排水勾配1/100)
灌水方法：自然灌水(灌水設備は渇水時に使用)
植栽の種類：ウメ、カエデ、エンジュ、ハイネズ、ハギ等、76種3,500本
植栽の方法：混植手法
植生の現状：追加植樹あるいは鳥による実生を含め110種以上

図3-6　建物概観
左：夏、右：秋

図3-7　表面温度測定結果
(口絵p.4も参照)

3.3 緑化技術の適用事例(屋上緑化1)

■管理の特徴
1) 一斉刈り込みではなく適宜剪定
2) 自然の山に近い排水システム
　雨水を縦樋で一気に下に流さず、しみ出し口を通してステップガーデンの1段ずつ下の階に落とし、土壌の保水能力を高めている。完全自然灌水。

■測定概要
　緑化によるヒートアイランド緩和効果に関して、竣工後に複数回、実測による評価を行った。緑化面とコンクリート面の表面温度を熱画像撮影装置により測定し、比較した。また、夜間における冷気の発生に関連して、ステップガーデンおよび周辺の温熱環境を測定した。

■主な結果
1) 表面温度の熱画像(2001年8月23日14時)
　熱画像撮影装置による表面温度の計測では、日中・夜間ともコンクリート表面温度に比べ、緑化部分の表面温度が低くなっていた。日中のコンクリート部分の表面温度は40℃前後になっているが、植栽部分は30℃程度であった(図3-7)。

2) 冷気流の発生
　風の弱い夜間には、植栽の表面の空気が放射冷却によって冷やされ、その冷気がステップガーデンを降りる「冷気流」の現象を確認した。また、前面の天神中央公園と一体となった緑地の効果により、生成された冷気が市街地まで流れ出ていることも確認できた(図3-8、3-9)。

[出典]
尾之上真弓ほか:ステップガーデンを有する建物周辺の温熱環境実測評価　その1～2，日本建築学会大会学術講演集，pp.725-729，2001年.
日経アーキテクチュア編:実例に学ぶ屋上緑化，日経BP社，2003年.
三坂育正ほか:大規模階段状緑化建築と隣接する公園の冷気生成に関する実測研究，空気調和衛生工学会大会梗概集，pp.761-764，2012年.

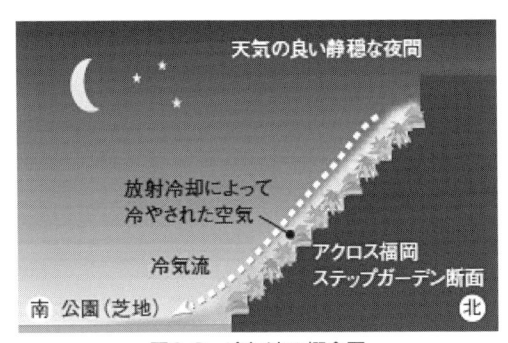

図3-8　冷気流の概念図

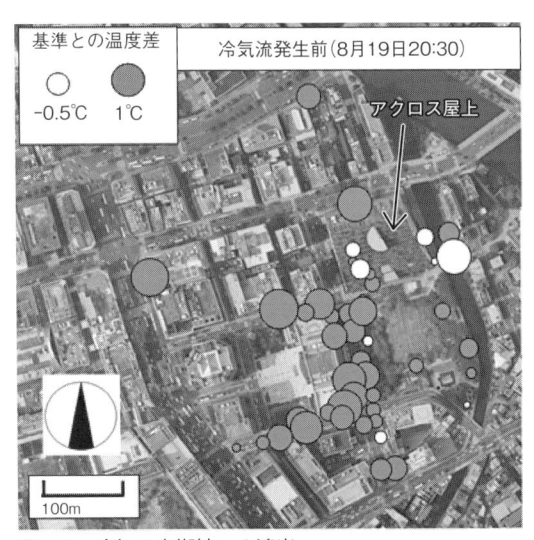

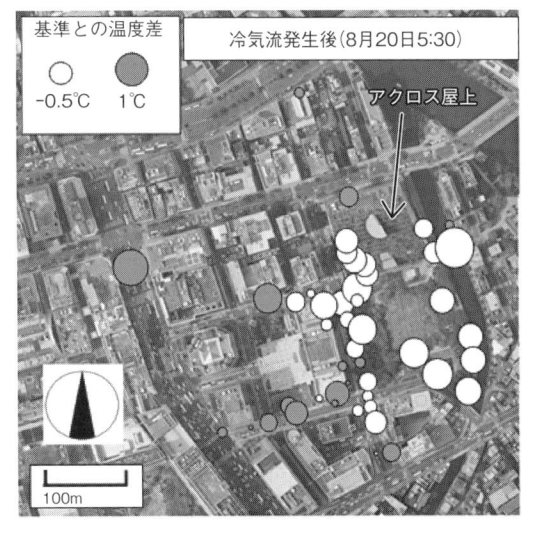

図3-9　冷気の市街地への流出
　冷気流の発生前は、基準となるアクロス屋上に比べて、市街地・公園内とも気温が高いが、冷気流が発生した後には、公園周辺に気温の低い範囲が広がっており、生成された冷気が流出していくことを確認できる。

第3章　緑化技術（屋上緑化、壁面緑化、外構緑化等）の概要と適用事例

屋上緑化 2

築79年、日本最古の屋上緑化

概要

朝倉彫塑館の屋上庭園は、彫塑家朝倉文夫（1883〜1964）が住居兼アトリエとして自ら設計・監督をして、1935年に完成したアトリエ棟（RC造）の屋上にある日本最古の屋上庭園である。この屋上庭園は、朝倉が彫塑塾を開校していた時に、園芸の授業のため使用した庭園で、当時は野菜等も栽培していた。現在は、四季折々の花が咲く花壇に姿を変え、多くの日本人や外国人観光客に親しまれている。蔦の絡まる屋上へのエントランスを出るとオリーブの高木が植えられた芝生と薔薇園が広がり、静謐と彫塑作品が佇む。

■緑化技術の種類

花壇と高木

■物件概要（図3-10、3-11）

名称：朝倉彫塑館
所在地：東京都台東区谷中
用途：美術館
設計・植栽計画：朝倉文夫
施工期間：1928〜1935年
構造：木造・一部RC造
階数：地上3階

■緑化概要（図3-12〜3-14）

緑化面積：303.8m^2
土壌厚：200mm
灌水方法：自然灌水
植栽の種類：オリーブ、芝生、バラ等
植栽の方法：混植手法

■管理の特徴

1) 一斉刈り込みではなく適宜剪定。
2) 完全自然灌水。

図3-10　朝倉彫塑館エントランス

図3-11　屋上庭園
ユキヤナギ（手前左）、アガパンサス（手前右）、ビワ（右奥）、彫刻が佇む屋上庭園

図3-12　ベンチ周りには赤いバラ。手前はアジサイ。

図3-13　手すりにはナツヅタ、右奥はビワ。

3.3 緑化技術の適用事例(屋上緑化2)

図3-14 オリーブの木(右)とナシ(左)が木陰を創る。
手前につぼみがのびているのはアガパンサス、赤いバラが来訪者の目を楽しませてくれる。

■測定概要
屋上の様々な素材ごとの表面温度を測定した。

■主な結果
1) 2008年9月11日12時の熱画像では、屋上のコンクリート面の平均表面温度が32.8℃(最大34.2℃、最低31.4℃)に対して、高木樹下の平均地表面温度は24.5℃(最大25.8℃、最低23.1℃)であった。また、花壇の丈の高い草本類の平均表面温度は28.4℃(最大30.0℃、最低26.8℃)であった(図3-16、3-18)。
2) 草本類や樹木が主体となった朝倉彫塑館の屋上庭園は、都市の中のクールスポットとしても大変貴重である(図3-14、3-15、3-17)。

[撮影協力]
台東区立朝倉彫塑館
補注)写真はすべて改修前(2005年)に撮影。

図3-15 赤やピンクのバラが咲く。

図3-16 図3-15の熱画像
煉瓦やコンクリート、彫刻等の人工物は高温化している一方で、植物は低温を保ち、空気を冷やす働きをしている。口絵 p.4も参照。

図3-17 階段室から屋上庭園に出たところ
オリーブの木陰がある。煉瓦の通路の脇にはノシバに、自然に生えたチガヤも混植。

図3-18 図3-17の熱画像
人工物でもオリーブの木陰は低温に保たれている。

第3章　緑化技術(屋上緑化、壁面緑化、外構緑化等)の概要と適用事例

屋上緑化 3

障害者施設の屋上に広がるブルーベリー農園

概　要

知的障害者および精神障害者のための事業所「森の工房 AMA」の屋上庭園は、全面に広がるブルーベリーの果樹園である。屋上に降った雨は果樹園で利用された後、地下の 40t の貯水槽に貯留され、果樹園の灌水に再利用される。屋上緑化に用いた盛り土も、掘削残土のリサイクル。収穫されたブルーベリーは 1 階の食品工房でジャムに加工され、販売される。土厚が 30cm あるため、断熱効果により冷暖房の省エネが図られている。

■緑化技術の種類

ブルーベリーと草本類による屋上全面緑化。

■物件概要(図 3-19、3-30)

名称：森の工房 AMA
所在地：広島市安芸区矢野東 2 丁目 4-2
用途：知的障害者および精神障害者のための障害福祉サービス事業所
設計：石井修(美建・設計事務所)
植栽計画：石井修(美建・設計事務所)
施工期間：2002 年 12 月～ 2003 年 9 月
構造：RC 造一部鉄骨造
階数：地上 1 階
延床面積：993.6m^2

■緑化概要(図 3-20 ～ 3-24)

緑化面積：約 730m^2
土壌厚：300mm(4cm の砂利の上に 30cm の掘削残土を載せた)
灌水方法：雨水利用。地下の貯水槽から散水。
植栽の種類：ブルーベリー、ヒラドツツジ、コウライシバ、カキ、ウメ、乾燥防止のためにクローバーも蒔かれている。
植栽の方法：列植手法(ブルーベリー 120 本、ヒラドツツジ 800 本)

図3-21　ヒラドツツジ咲く 5 月の屋上

図3-19　森の工房 AMA の全景

図3-22　地下の貯水槽

図3-23　雨天時の様子(2004年6月)

図3-20　屋上緑化(部分)

図3-24　利用者、職員で植樹(2003年10月)

3.3 緑化技術の適用事例(屋上緑化 3)

■管理の特徴
1) 一斉刈り込みではなく、適宜剪定。
2) 完全自然灌水。

■測定概要
2008年9月17日13時に熱画像撮影を行った。

■主な結果
1) 屋根表面温度が36.9℃に上昇していても、ブルーベリー葉面温度は28.9℃に保たれ、地表面の草本類の表面温度は28.3℃と、さらに低温であった(図3-25、口絵p.4も参照)。
2) ブルーベリーは2008年に300kg生産され、将来は1tの収穫が目標である。森の工房AMAは障害者が安心して気持ちよく働ける環境である。ブルーベリー栽培を通して地域住民との交流(ブルーベリー祭、フェアの開催)もあり、園芸療法的な効果も期待できる。働きながら生産する喜びを味わえる屋上農園は生き甲斐の場になっている(図3-26〜3-29)。

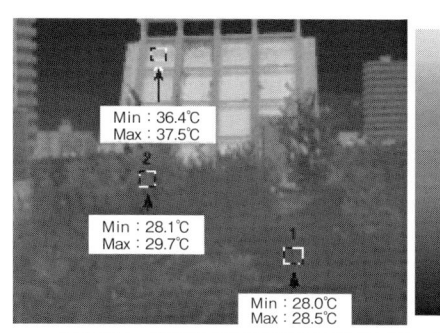

図3-25 熱画像(2008年9月17日13:00)

図3-26 フェアで剪定教室(3月)

図3-27 ブルーベリーの収穫

図3-28 ブルーベリーの実(左)とジャム作り(右)

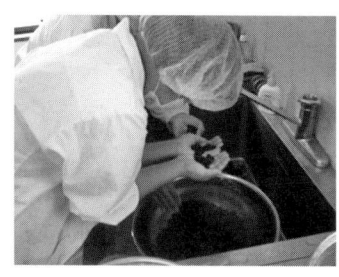

図3-29 製品化されたブルーベリージャム(左)とジュレ(右)

図3-30 雪化粧した屋上(1月)。寒い冬も保温効果がある。

第3章 緑化技術（屋上緑化、壁面緑化、外構緑化等）の概要と適用事例

屋上緑化 4
300mのハーブガーデンが憩いの空間を演出

概 要
ビルの基本理念である「人間尊重」をもとに、ゆとりや潤いを感じられる快適なオフィス環境を実現している。地域社会との共生を目指し、存在を期待される企業を目指して地域環境の向上にも寄与している。全長 300m ものハーブガーデンや散策路、ベンチ、ビオトープ、水琴窟、水盤など様々な仕掛けを点在させて、オフィスワーカーや来訪者すべての心身のリフレッシュや健康増進を図っている。

■緑化技術の種類

全面高木・低木・芝生緑化

■物件概要（図 3-31）

名称：和光市某会社ビル
所在地：埼玉県和光市
用途：複合施設（事務所他）
設計期間：2002 年 3 月〜 2003 年 2 月
施工期間：2003 年 4 月〜 2005 年 3 月
構造：CFT 造・鉄骨造・一部 RC 造
階数：地上 6 階・塔屋 1 階
施設全体面積：97,730m²

■緑化概要（図 3-31、3-32、3-34）

緑化面積：約 37,600m²（屋上緑化）
土壌の種類：湿性多孔質人工土壌（ビバソイル）
土壌厚：540mm 程度
土壌の荷重：432kg/m²
排水材：透水シート＋薄層貯排水ボード（グリーンプランボード）
防水：改質アスファルト露出防水
灌水方法：点滴式自動灌水設備
植栽の種類：キンメツゲ、コデマリ、シマヒイラギ、シモツケ、スカーレットセージ、ヒュウガミズキ、ボックスウッド、ユキヤナギ、ヒ

図3-31　屋上緑化俯瞰写真（口絵 p.4 も参照）

9：00

13：00
図3-33　熱画像（口絵 p.4 も参照）

ヘリオトロープ　シマヒイラギ　シモツケ　スカーレットセージ
図3-32　屋上緑化植物（口絵 p.4 も参照）

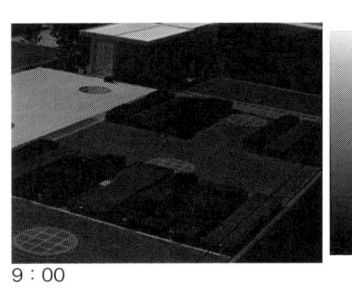

メコウライシバ等(図3-32)

■管理の特徴
1) 芝刈:年3回、剪定(高木1回、低木1回)
2) 施肥:高木1回、低木2回、地被類2回、夏シバ2回、冬シバ3回
3) 除草:低木2回、地被類5回、芝生2回、発芽抑制剤散布(芝生4回)
4) 病虫害防除:高木2回、低木3回、地被類2回、芝生2回
5) 灌水:7月に3回、8月に10回、その他は自然灌水

■測定概要
屋上の熱画像撮影および樹種ごと、素材ごとの表面温度を測定した。

■主な結果
1) 熱画像(測定日:2008年8月8日)(図3-33)

9時、気温が34℃の時にウッドデッキの表面温度は49.6℃、コンクリート屋根は54.3℃に上昇しているのに対して、芝生は36.2℃、低木は32.1℃と低温になっていた。

13時、気温が36.5℃の時にウッドデッキの表面温度は59.6℃、コンクリート屋根は61.7℃に対して、芝生は38.5℃、低木は33.8℃であった。

2) 地表面温度(測定日:2008年8月7～9日)(図3-35)

真夏の昼間、ウッドデッキ、スチール、ガラス、コンクリートは53～60℃近くまで温度が上昇したが、芝生は気温と同程度、低木は27℃～37℃に保たれ、気温よりも低温になっていた。そのため、低木は気温を下げる効果があることが明らかになった。

[出典]
橋田祥子・大森宏・藤崎健一郎・加治屋亮一・酒井孝司:樹木による屋上緑化の環境負荷低減効果に関する研究,第37回環境システム研究論文発表会論文集,pp.67-72,2009年.

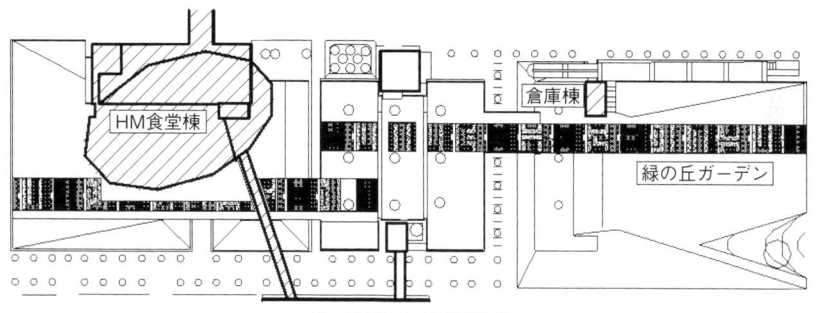

図3-34 屋上平面図

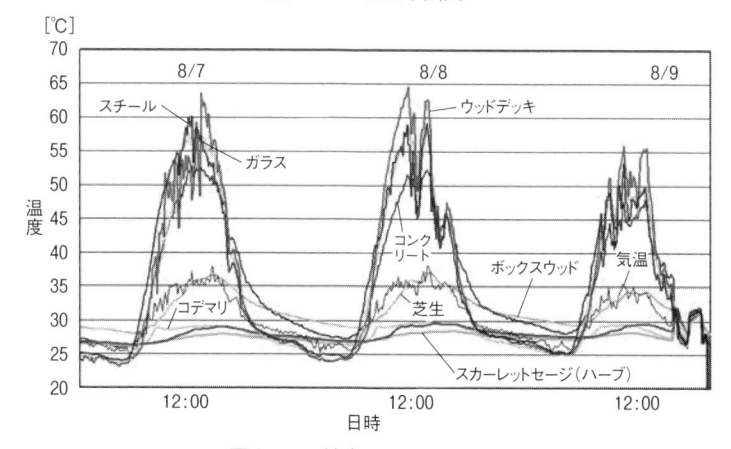

図3-35 地表面温度測定結果

第3章　緑化技術(屋上緑化、壁面緑化、外構緑化等)の概要と適用事例

屋上緑化5
再開発に伴う5,300m²の巨大屋上庭園

概要
建物の屋上を緑化しただけの公園はこれまでにも例があります。しかし、街を訪れる人々に活用され、親しまれている公園は多くはありません。パークスガーデンという公園のランドスケープを考える上で、目指したのは、公園が公園として切り離されて存在するのではなく、樹木や花の自然と公園に面する店舗と広場とが一体となって、人々に豊かな体験や感動を提供する公園です(なんばパークスHPより抜粋)。

■緑化技術の種類
全面段丘状緑化(混植手法)

■物件概要(図3-36)
名称：なんばパークス
その他、詳細はp.88の「保水性舗装4」を参照。

図3-36　全景(左)と建物外観(右)。口絵p.4〜5も参照

■緑化概要(図3-37)
施工場所：3〜9階
施工面積：約11,500m²
(緑地：約5,300m²、通路・広場：約6,200m²)
土の深さ：平均55cm
(浅い部分30cm、深い部分80cm(高木部分))
土の種類：人工軽量土壌(比重約0.8)を採用
樹木・草花の数：約300種、約70,000株
☆常緑樹・落葉樹・中低木・草花を織り交ぜた多様な植栽種
☆大阪の風土林を再現(枯れ・病虫害の防止、生態系ネットワーク)
☆屋上の厳しい環境に強い樹種
☆花のある樹木(花木・紅葉)

■管理の特徴
1) 過大な剪定は行わず、落ち葉なども訪れた人が不快に思わない程度にあえて残すなど、里山のように自然環境に近い状態で植物を管理する。
2) 営業時間内に「見せる(魅せる)管理」を行うことで管理スタッフの姿を見せ、訪問客との

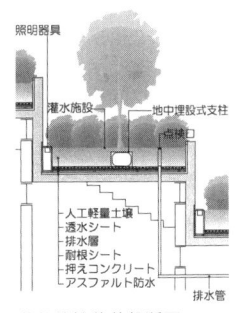

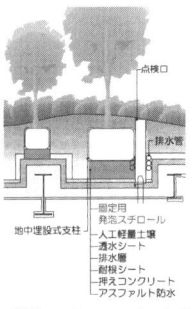

階段状植栽基盤断面　　発泡スチロールによる軽量盛土

図3-37　植栽の基本断面図　　図3-38　見せる(魅せる)管理

コミュニケーションの場としている（図3-38）。
3) 農薬を使わない管理で草木の大敵となる昆虫だけを手作業で取り去るため、残った成虫や幼虫が繁殖を繰り返し、豊富な生物相を保っている。

■測定概要

熱画像、気象環境（ガーデン内複数個所の気温、相対湿度、風向風速、日射量、黒球温度、SET*等）の測定によって、夏季の温熱快適性、緑地が生む夜間の冷気流などの測定を行った。

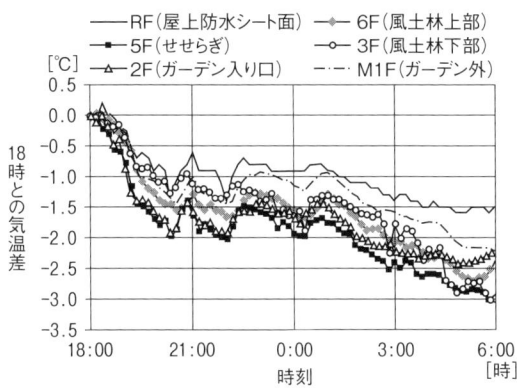

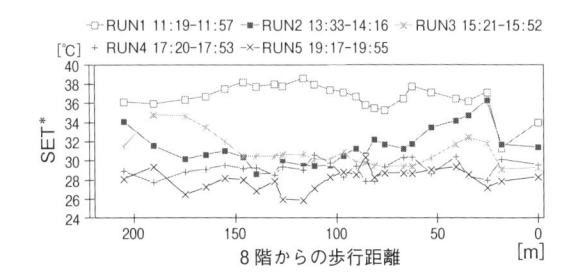

■主な結果

1) 夏季の日中のパークスガーデンは、周囲のアスファルト道路、鉄道軌道、市街地と比べて、表面温度が20℃近く低くなっている。大気に伝わる熱がそれだけ小さくなり、都市のクールスポットとして機能している（図3-39）。
2) 18時の気温とその後の気温との差から、ガーデン内の夜間の気温低下と冷気流の生成が認められる（図3-40）。
3) 歩行路の温熱環境を測定した例では、訪問者の多くなる午後の時間帯には、歩行路の大部分が西側の高層棟の影に入り、暑くない快適な歩行空間を提供している（図3-41）。

[出典]
赤川宏幸・福味克幸・久保田孝幸・竹林英樹・森山正和：大規模商業施設屋上庭園における夏季の温熱環境と訪問者の滞留特性に関する研究, 日本建築学会環境系論文集, No. 611, pp. 67-64, 2007年.

図3-39　周辺市街地との表面温度の違い
　　　　（2011年8月3日12時）
　　　　口絵p.4も参照

図3-40　ガーデン内の夜間の気温低下
　最上階屋上の防水シート面上の気温低下と比べて、ガーデン内は気温低下が大きく、冷気が生成されていることがわかる。特に、緑の濃いせせらぎ周辺や、ガーデン最下層のガーデン入口付近に、緑地で生成された冷気が流れ出てきていることがわかる。

図3-41　ガーデン内歩行路の移動測定によるSET*
　SET*は数値が大きいほど暑い。午前中（RUN1）は太陽高度が高く大部分が日なたになるが、訪問客が増える午後の時間帯は快適な温熱環境が形成されており、安全に散策が楽しめる。

第3章 緑化技術(屋上緑化、壁面緑化、外構緑化等)の概要と適用事例

屋上緑化6

郷土種を植え、自然生態系に配慮 クリーンセンター

概要
春季・秋季には新緑・紅葉により所沢市のシンボルマークが浮き上がる所沢市東部クリーンセンターの屋上緑化は、武蔵野の雑木林に囲まれた周辺環境と調和し、オオタカをはじめとする自然生態系への影響をできる限り少なくしたデザインである。屋上緑化、緑化土塁、周辺の雑木林が一体化し、周辺住民や環境に対する配慮として郷土種が植栽されている。

■緑化技術の種類
芝棟手法、郷土種を3パターンで混植。

■物件概要(図3-42、3-43)
名称：所沢市東部クリーンセンター
所在地：埼玉県所沢市大字日比田895-1
用途：ごみ焼却場、リサイクルセンター
発注者：所沢市
設計者：日本技術開発株式会社
植栽計画：西武造園株式会社
施工者：西武建設・明豊特別JV
施工期間：2000年6月〜2003年3月
構造：RC造・一部SRC造・S造
階数：地下1階・地上6階
延床面積：38,483.23m^2
総事業費：約300億円

図3-42　左：所沢東部クリーンセンター全景
　　　　右：一体化した周辺の雑木林、緑化土塁、屋上緑化

図3-43
周辺の自然環境と調和する屋上緑化

■緑化概要(図3-44、3-45)
緑化面積：5,150m^2
土壌種類：リサイクル人工軽量土壌(エルデ)
　　　　　発砲コンクリートの完全リサイクル製品
土壌厚：230mm(平均)
土壌の荷重：220kg/m^2
　傾斜角度14°の折板屋根上にエキスパンドメタル製の土留めを設置。防草シート(生分解性)で雑草の繁茂と風による飛散、土壌流出を抑止、押えロープ(生分解性)で固定。
排水材：貯留型排水パネル厚75mm + 透水シート0.6mm(排水傾斜14°)
灌水方法：雨センサー付自動散水灌水（点滴式）
(季節ごとに使用料を調整、雨水利用)
保水用の溝を施したスタイロフォーム、透水シートを設置。
植栽の種類：9種、27,500本
　　　　　　(11,500本の低木と16,000株の草花)
☆日本の伝統的な屋上緑化「芝棟」に用いられた植物、イチハツ(花4〜5月)、シモツケ(花5〜7月)、ニシキギ(紅葉10〜11月)、ノカンゾウ(花6〜8月)
☆関東の雑木林に生育し、乾燥に強い郷土種
タニウツギ(花5〜7月)、ヤマブキ(花4〜6月)、ヤマハギ(花6〜8月)、コムラサキシキブ(実9〜11月)
植栽の方法：混植手法(3パターン)
　季節に応じ変化するようにし、市のシンボルマークである飛行機が浮き上がるよう植栽した。

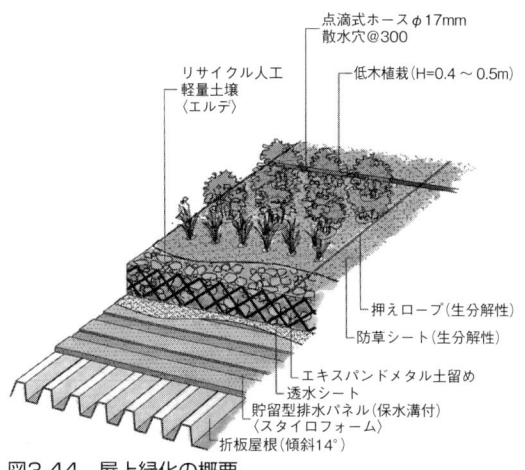

3.3 緑化技術の適用事例(屋上緑化 6)

図3-44 屋上緑化の概要

図3-45 植栽の種類(イチハツ、シモツケ、ニシキギ、ノカンゾウ、タニウツギ、ヤマブキ、ヤマハギ、コムラサキシキブ)

図3-46 メンテナンスのための幅1mの通路

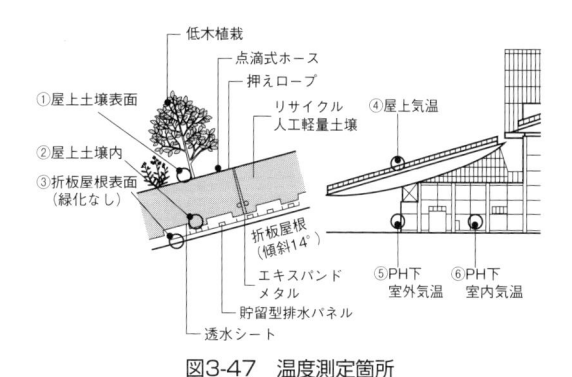

図3-47 温度測定箇所

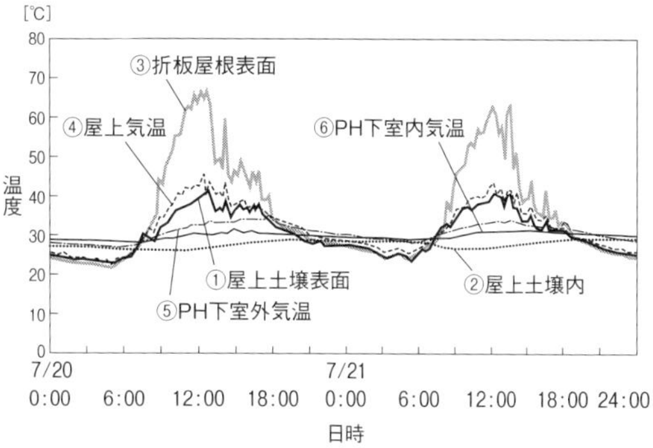

図3-48 温度測定結果

隔でエキスパンドメタルの土留めと保水対策の保水溝を設け、傾斜状態で5.5L/m^{2}の保水力がある植栽基盤を作った。

■測定概要

屋上緑化(地点①、②、③)とプラットフォーム(地点④、⑤、⑥)の温度を測定した(図3-47)。

■主な結果

温度測定結果から、折板屋根表面温度が65℃以上に高温化している場合でも、屋上緑化の土壌内は30℃以下に保たれ、プラットフォーム下への二次的な赤外放射が抑えられている(図3-48)。

■管理の特徴

1) 剪定方法：2.5m間隔に幅1mの作業用通路を設けた(図3-46)。
2) 排水システム：土壌の流出防止用に2.5m間

第3章　緑化技術(屋上緑化、壁面緑化、外構緑化等)の概要と適用事例

屋上緑化 7
改修工事により屋上庭園を実現

概要
事務所創立75周年記念事業として行った建て替え事業において、一貫した自然環境指向による作り込みの過程で、社員が憩い四季の変化を楽しむ屋上緑化を実現した。

■物件概要
名称：松田平田設計本社ビル
所在地：東京都港区元赤坂
用途：事務所
発注者・設計者：松田平田設計
施工者：清水建設　他
竣工：2006年7月(改修工事)
構造：RC/S構造
屋根仕様：コンクリート下地、露出ウレタン防水、
　　　　　断熱材(25mm)
階数：地下1階、地上8階

■緑化概要(図3-49～3-51)
施工場所：本館6階屋上
緑化面積：約91.7m^2
緑化工法：トレー方式(東邦レオ製)
植栽樹種：フィリフェラオーレア　15.6m^2
　　　　　シバザクラ(赤・ピンク・白)　22.07m^2
　　　　　斑入りピンカマジョール　14.16m^2
　　　　　セイヨウイワナンテン　2.88m^2
　　　　　その他混植
灌水：5L/(m^2・日)
灌水チューブ(タイマー制御)

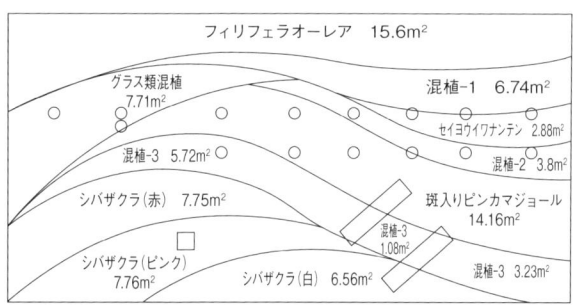

図3-49　緑化の概観(左上、左)と植栽の配置(上)

図3-50　ピンカマジョール(左上)とシバザクラ(右上)、混植の様子(下2点)

図3-51　緑化トレーの構造

[格子基盤]
厳しい荷重制限でも、土壌厚を確保できるように、土壌面と嵩上げ部分が一体化した基盤を開発しました。

[雑草対策]
雑草の種が入りやすい植物と植物の間の空間は、嵩上げ(突起)部分の上にマルチング材が施されている状態です。土がなく雑草も生えにくくなります。

[底面給水]
勾配によって、底面に水が溜まる仕組みになっています。根が下層に入ることで、植物も乾燥に強くなります。

[連結]
パネルを連結することで、土壌の連続性を確保し、面的な排水を行います。

● 植物植え付け位置　通常は16ポット植栽
　(最大48ポットまで植栽可能です)

3.3 緑化技術の適用事例(屋上緑化7)

■測定概要

屋上緑化によるヒートアイランド緩和および空調負荷削減効果について、夏季と冬季に測定を実施した(図3-52)。

実測期間:2006年9月〜2007年2月

■主な結果

1) 夏季測定の結果、日中のピーク時において、緑化面は、非緑化面に比べて15℃以上の表面温度の低減効果および50%程度の表面から建物への伝導熱量の低減効果を確認することができた(図3-53、3-54)。
2) 緑化面の熱収支解析結果から、正味放射量の大部分を潜熱で消費することで、顕熱や伝導熱が小さくなり、ヒートアイランド緩和と省エネルギー効果を確認できる(図3-55)。
3) 計測結果より得られた日射反射率は0.15程度、計測結果から推定した本緑化システムの蒸発効率は0.1程度であった。
4) 測定対象建物の二酸化炭素削減効果に関して、測定で得られた放射・熱特性より算出すると、478.5kg-CO_2/年と推定される。
5) 測定対象建物の費用効果に関して、屋根からの貫流熱負荷低減によるエネルギー消費量低減分を電気料金で試算した結果、屋上緑化施工による年間の電力料金低減は、約25,000円となり、施工に要した費用の回収年数は約75年となった。

[出典]
クールルーフ推進協議会:平成18年度「環境と経済の好循環のまちモデル事業」報告書, 2007年.

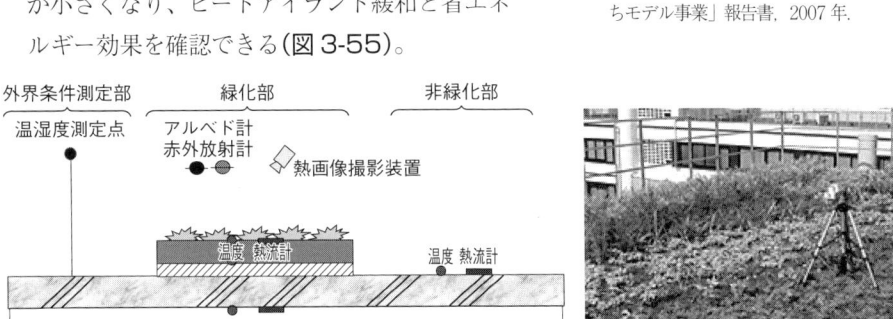

図3-52 熱環境測定の方法(左:解説図、右:現場写真)

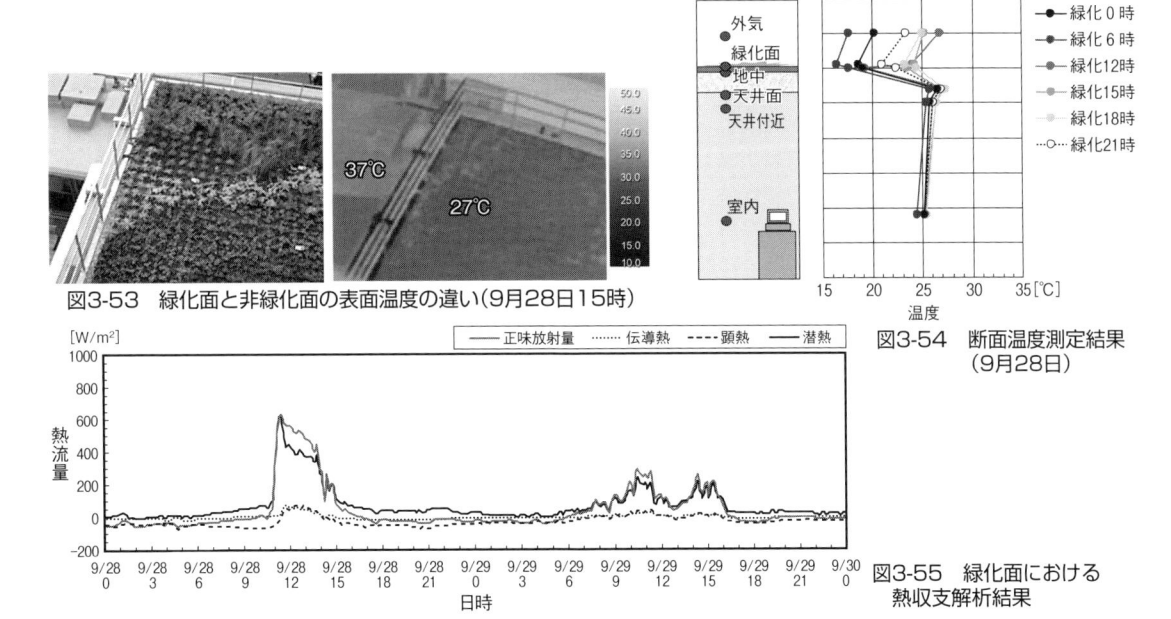

図3-53 緑化面と非緑化面の表面温度の違い(9月28日15時)

図3-54 断面温度測定結果(9月28日)

図3-55 緑化面における熱収支解析結果

第3章 緑化技術(屋上緑化、壁面緑化、外構緑化等)の概要と適用事例

壁面緑化 1

幅50m! 巨大な壁面緑化で環境教育

概 要

「環境に優しい学校をめざす」ことで植えたモミジヒルガオは11月までぐんぐんとツルを伸ばし、きれいな緑のモミジ葉と可愛い薄紫色の花を咲かせ、児童の目を楽しませている。この自然の植物カーテンを教室の窓際に這わせることにより、夏の日差しを和らげて校舎内の室温上昇を抑えている。また、目に優しい緑の効用、夏のエアコンの節電効果などについて生きた環境教育の教材として活用している。緑のカーテン作りを「総合的な学習の時間の環境教育」に位置づけして学校全体で取り組んでいる。

■緑化技術の種類

モミジヒルガオによる壁面緑化(緑のカーテン)

■物件概要(図3-56)

名称：日野市立日野第一中学校
所在地：日野市日野本町7-7-7
用途：中学校
緑のカーテンの施工期間：5月下旬〜10月下旬
階数：地上3階に取り付け(緑のカーテン部分は1〜2階)

■緑化概要(図3-57〜3-59)

緑化面積：縦8.7m×横50m＝435m^2
土壌厚：高さ35cm 直径47cm(60L 大型丸鉢)
植栽の種類：モミジヒルガオ(アフリカ原産)
植栽の方法：植木鉢1鉢当たりモミジヒルガオ3本、植木鉢数40鉢、合計120本

■管理の特徴

1) 剪定の方法

冬越しさせたモミジヒルガオの挿し木1本当たりのツルの本数を増やすために1.5mの高

図3-56 校舎南東側の緑のカーテン全景

図3-58 モミジヒルガオの花

図3-57 緑のカーテンと人物

図3-59 緑のカーテンを教室から眺める

さで切り続け、脇から出る芽を増やす。
2) 灌水の方法
ホースによる水道水の散水（春：1日1回、夏：1日2回、秋：1日1回）
※夏場の散水は1日3回が望ましい。
※夏休み中は日直の教員が水遣りをし、水遣りを絶やさないようにした。
3) 施肥の方法
①植付時：1鉢当たり牛糞、腐葉土、植木用培養土それぞれ3分の1ずつの割合で混ぜる。
②追肥：化学肥料、米ぬか（月1回）

■測定概要
緑のカーテンの有無による、緑のカーテン両側の地表面温度を熱画像撮影装置によって測定し、比較を行った（観測協力：明星大学）。

■主な結果
熱画像の解析結果から、日向の地表面温度の平均は55.8℃であるが、緑のカーテン裏の地表面温度の平均は33.3℃、葉面温度の平均は34.7℃となっていた（図3-60、3-61、口絵p.5も参照）。

[出典]
橋田祥子ほか：中学校の大規模な緑のカーテンの環境緩和効果，日本建築学会大会（東海）学術講演梗概集，pp.881-882，2012年．

図3-60　熱画像（2011年8月7日13：00）

図3-61　緑のカーテン脇からの写真（2011年8月7日13：00）

第3章　緑化技術（屋上緑化、壁面緑化、外構緑化等）の概要と適用事例

壁面緑化 2
様々な緑のカーテンを測定により比較

概　要
生きた環境教育の教材として、あるいは身近なところからヒートアイランド緩和に取り組む方法として、学校や市庁舎、個人宅など様々な場所で緑のカーテンが盛んに栽培されつつある。また、緑のカーテンを作る植物も様々である。そこで、明星大学環境・生態学系では、樹種が異なる緑のカーテンについて物性値を測定し、緑のカーテンにはどんな樹種が一番効果的であるかを定量的に明らかにすることを試みた。

■緑化技術の種類
完全自然灌水装置付き（マップ式）緑のカーテン

■物件概要（図3-66 上参照）
名称：明星大学
所在地：東京都日野市程久保2-1-1
緑のカーテン実施期間：2010年5月〜10月以降、
　　　　　　　　　　毎年夏季に設置
階数：地上3階（緑のカーテンは1〜2階）

■緑化概要（図3-62）
緑化面積：約45m²
土壌厚：培養土など約30cm
灌水方法：底面式
植栽の種類：ヘチマ、ゴーヤ、アサガオ
植栽の方法：方形（90cm×90cm）のプランターに、
　ヘチマ8本×3個、ゴーヤ8本×3個、アサガオ10本×3個を苗の状態で植栽した。

図3-62　左上：ヘチマの花、右上：アサガオの花
　　　　左下：ゴーヤの花、右下：ゴーヤの実

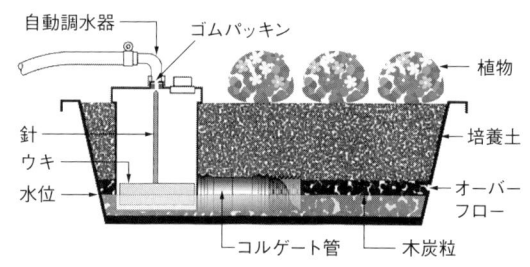

図3-63　灌水装置の調水器断面図（マップ式）

■管理の特徴（図3-63）
灌水：給水と水量調整の両方を自動で管理する、緑のカーテン等、大型の植物栽培に対応する灌水システム「マップ式」を採用。

■測定概要
　日射量測定を行い、日射反射率、日射透過率、日射吸収率を算出した。30cm×30cmの方形の区画内のすべての葉をむしり取り、葉面積計を用いて葉面積を求めLAI（Leaf Area Index）を算出した。葉の表面と裏面における蒸散量測定を行った。熱画像撮影装置を用いて、緑のカーテンの表面温度を測定した。また、当日の気象条件を評価するために、緑のカーテンから50m離れた7階建てビル屋上に気象ステーションを設置し、気温測定を行った（周辺気温）。

■主な結果
1）　表3-3に、日射量測定結果から求めた3植物種の日射反射率、日射透過率、日射吸収率の算定結果を示す。反射率がアサガオ＞ヘチマ＞ゴーヤとなったのは、葉の明度と光沢の差に起因すると考えられる。透過率にはあまり差はな

3.3 緑化技術の適用事例（壁面緑化 2）

表3-3 日射反射率、日射透過率、日射吸収率の算定結果

	反射率(%)	透過率(%)	吸収率(%)
ヘチマ	13.6	21.7	64.6
ゴーヤ	11.2	22.0	66.7
アサガオ	17.5	23.9	58.5

く、3種類とも約21〜24%程度であった。吸収率はLAIを考慮すると、ヘチマ＞ゴーヤ≧アサガオであった。

2) LAIはヘチマが4.91、ゴーヤが3.28、アサガオが3.24であった。

3) 葉の表面温度が周辺気温よりも高温化した割合は、アサガオ（35.2%）＞ゴーヤ（25.9%）＞ヘチマ（11.1%）となり、ヘチマが一番低温であった。16時〜翌日8時の夜間にはすべての種類の葉の表面温度が気温よりも低温になり、アサガオ＞ゴーヤ＞ヘチマの順で、ヘチマが一番低温であった（図3-64）。

4) ヘチマの蒸散量の測定結果から、日向と日陰では日向の蒸散量が多く、葉の表面と裏面では裏面の蒸散量が多かった（図3-65）。LAIを考慮して算出した1日当たりの植物種ごとの蒸散量は、ヘチマが7,057g/(m^2・日)、アサガオが3,081 g/(m^2・日)、ゴーヤが3,066 g/(m^2・日)であった。

5) 緑のカーテンの熱画像から（図3-66）、地表面温度が53.2℃である場合でも、緑のカーテンの表面温度は33.8℃に保たれ、人体の表面温度35.4℃よりも低温となり、夏季の暑熱時にクールスポットを形成するポテンシャルを有していることが明らかになった。

[出典]
後藤勇輝・橋田祥子・井原智彦・藤崎健一郎・加治屋亮一・酒井孝司：植物種が異なる緑のカーテンの環境緩和効果に関する実測研究，日本建築学会大会（関東）学術講演梗概集 D-1, p.1085, 2011年.

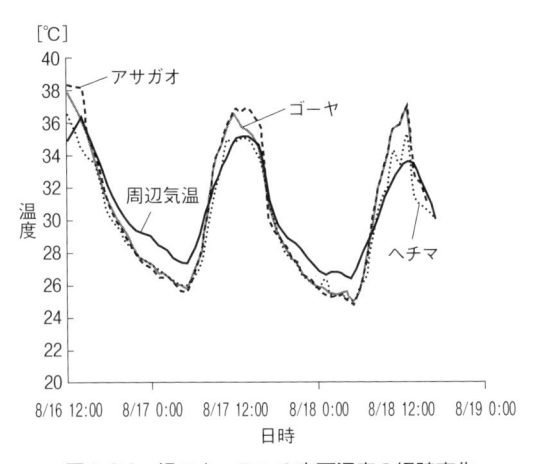

図3-64 緑のカーテンの表面温度の経時変化

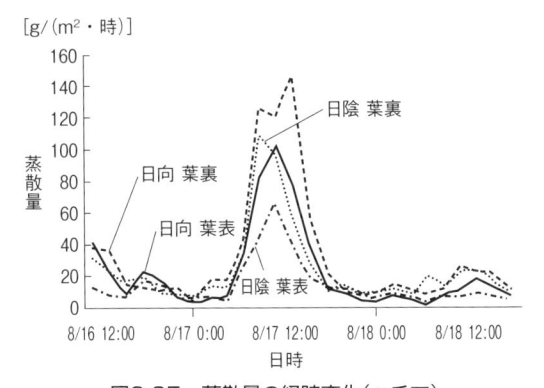

図3-65 蒸散量の経時変化（ヘチマ）

図3-66 緑のカーテンの写真（上）と熱画像（下）。緑のカーテンは、手前から、ヘチマ、ゴーヤ、アサガオの順。（2010年7月11日10：00）

第3章　緑化技術(屋上緑化、壁面緑化、外構緑化等)の概要と適用事例

壁面緑化3
樹木の植栽を可能とした壁面緑化技術

概　要
草花から樹木まで多様な植栽が可能で、「美しい壁面緑化」と「建物の熱負荷低減」を達成する快適環境創出技術である。植物は根をパネル内に自由に伸張して大きく健全に生育し、樹木を植栽できるので、永続的な緑化景観が維持可能である。不燃材で耐久性のある緑化パネルを使用し、多様な外壁、土木構造物擁壁等に適用可能な技術である。

■物件概要(図3-67)
建物名称：昭和の森　MOVIX昭島
主要用途：商業施設(映画館)
緑化面積：約18m^2

■緑化技術の概要(図3-68)
［緑化パネル］4層から構成
　①植栽ポット付きの表面パネル
　　（ガラス繊維補強セメント（GRC）製）
　②断熱材：植物の根の温度環境変化を和らげる
　③不織布：灌水の養・水分の保持と根への供給
　　根は不織布内を上下左右に伸張⇒健全な生育
　④リサイクルボード：一体化のためのボード
　　植栽された状態で重量は、約45kg/枚
［自動灌水装置］
　最上部に設置したドリップホースによる自動灌水。
　灌水量や灌水頻度は制御盤にて年間設定。
　施肥は液体肥料を灌水タンク内で希釈し、適宜供給。

図3-67　緑化パネルを用いた壁面緑化の概観。樹木(上)も草花(下)も植栽が可能である

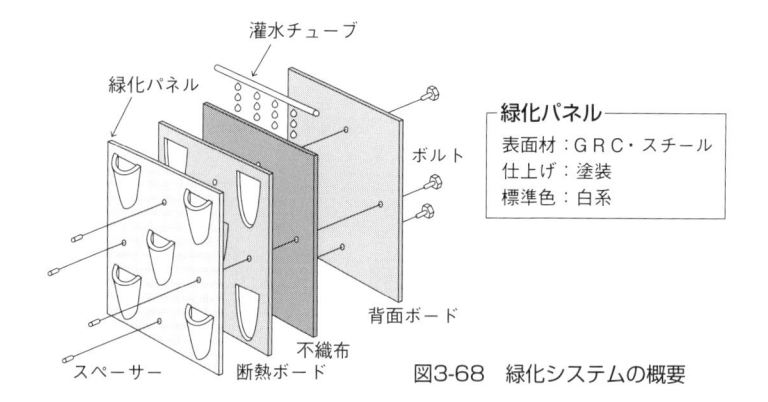

緑化パネル
表面材：GRC・スチール
仕上げ：塗装
標準色：白系

図3-68　緑化システムの概要

3.3 緑化技術の適用事例(壁面緑化 3, 4)

壁面緑化 4
建材と一体化したつる植物による壁面緑化技術

概　要
建築外皮(ファサード)である縦ルーバーに、つる植物を登はんさせることで、高い建築意匠性と、緑化景観・熱環境改善など機能面における高度化との両立を可能とした、「竪ルーバー型緑化外壁システム」である。縦ルーバーを落葉性のナツヅタを用いて緑化することにより、室内外から夏季の美しい緑や秋の紅葉などの季節変化を楽しむことができ、さらに日射負荷を自律的に調整することで空調負荷低減を可能にするシステムとなっている。

■物件概要(図3-69)
建物名称：竹中工務店技術研究所　耐火実験棟
主要用途：事務所(実験場)
階数：地下1階地上3階(最高高さ：19.98m)
延床面積：1,303.67m^2

■緑化技術の概要
[ルーバー]
　素材：アルミ材および対候性鋼板(リン酸処理)
　　　　内部に登はんとして短繊維不織布を充填
　大きさ：幅50mm×奥行200mm，間隔150mm
[灌水装置]
　プランター部に点滴灌水チューブ
　雨水処理水の自動灌水システム

■測定概要
　緑化ルーバーにおける日射透過率を測定し、ルーバー単体の場合の予測値と比較した。

■主な結果(図3-69)
1) 展葉・落葉という植物反応を取り入れることで、季節に応じて自律的に日射調整する日射遮蔽材として機能した。
2) 緑葉による夏季の日射遮蔽性能が向上することにより、緑化ルーバーはルーバー単体より高い省エネルギー性能を有することを確認した。

■その他
　第10回屋上・壁面・特殊緑化コンクール、日本経済新聞社賞（壁面・特殊緑化部門）

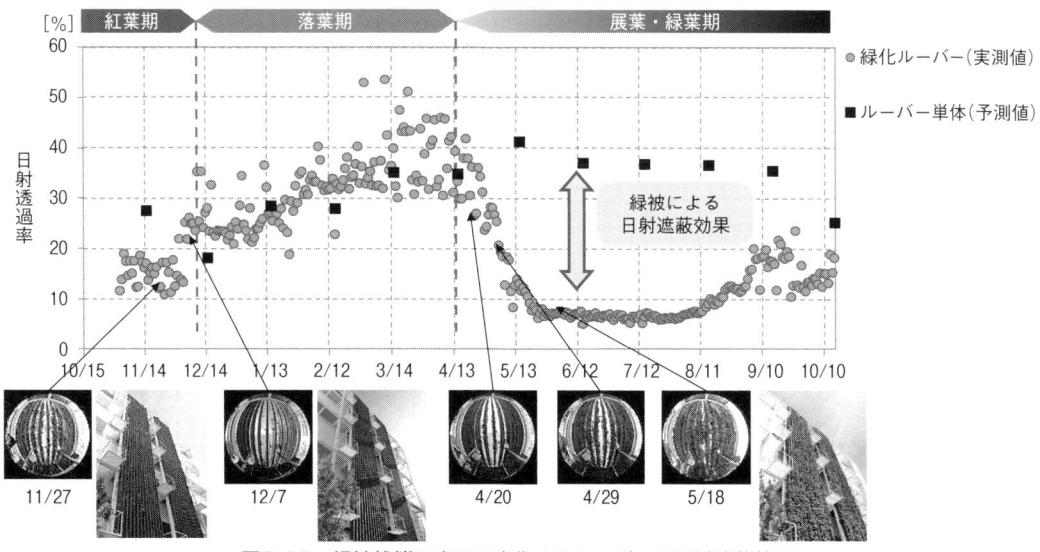

図3-69　緑被状態に応じて変化するルーバーの日射遮蔽効果

第3章 緑化技術(屋上緑化、壁面緑化、外構緑化等)の概要と適用事例

駐車場緑化 1
各種工法の実証実験

概要
ヒートアイランド現象緩和や景観性向上等の効果が見込まれる芝生化駐車場(グラスパーキング)について、今後の技術改善や普及促進に資するため、大学や民間企業、NPO等と協働して実証実験を行い、各種工法の仕様と効果の総合的な評価・検証を行った。

■物件概要(図3-70)
名称:グラスパーキング推進事業
所在地:神戸市中央区坂口通2-1-18
用途:駐車場
参画企業等:公募により決定した32組
　　　　　　(40社・団体)
役割分担:
　【企業・団体】芝生化駐車場の施工、
　　維持管理
　【兵庫県・神戸大学・和歌山大学】
　　調査測定および評価・検証とりまとめ
実施期間:2005・2006年度
公募:2005年4月15日〜4月28日
施工・養生:2005年6月10日〜7月
　　31日
調査・検証:2005年7月〜2007年2月
　　(実証施設は2006年12月で閉鎖)
検証報告:2007年3月19日 ひょうご
　　GPフォーラム「第1回芝生化駐車
　　場シンポジウム」

■緑化概要
【類型化】
・芝生連続性により、車輪部補強型、全体均一型に分類される(それぞれ補強部に人工素材と自然素材を用いるものがある)。
・踏圧対応型により、芝生なし、芝生単独、芝生連続、線支持、点支持に分類される。

■測定・調査概要
　熱環境、景観性、歩行性、緑被・植被度、短期ストレス実験結果、費用について、評価した(図3-71、3-72、口絵p.7)。

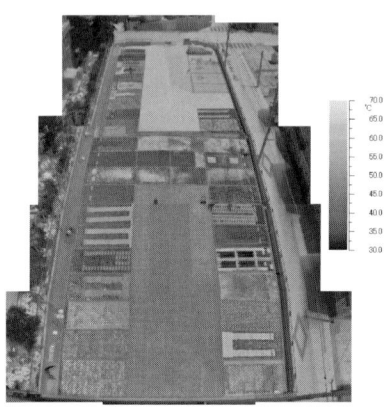

図3-70 駐車場概観　図3-71 表面温度の測定結果
　　　　　　　　　　　　(2005年8月20日12時)

図3-72 駐車区画別の表面温度の測定結果(2005年8月20日12時)

3.3 緑化技術の適用事例(駐車場緑化1)

■主な結果

2年間を通じた総括的な評価は、以下の通りであった。

1) 緑化可能率(区画内で緑化ができる面積の割合)の高い区画(概ね60%以上)に、「熱環境」「景観性」「緑被・植被度」が「良好」と評価される区画が多い。特に、ヒートアイランド現象緩和効果が「良好」な区画は緑化可能率が高い区画に集中している(図3-72〜3-74)。
2) 「材料・施工費」が安い区画に「短期ストレス実験」(踏圧、エンジン熱の影響調査)の「課題あり」が集中した(図3-75)。なお、整備費が高い区画は維持管理費も高い傾向にある。
3) 建設費は、アスファルト舗装(5,000円/m²)の2.0〜7.5倍。維持管理費は、標準管理費[500円/(m²・月)]の0.1〜3.5倍であった。

[出典]
兵庫県ほか:グラスパーキング(芝生化駐車場)推進事業検証報告概要書, 2007年.
笠原万起子・竹林英樹・森山正和:駐車場の芝生化によるヒートアイランド緩和効果に関する研究, 日本建築学会大会学術講演梗概集, D-1, pp.675-676, 2006年.

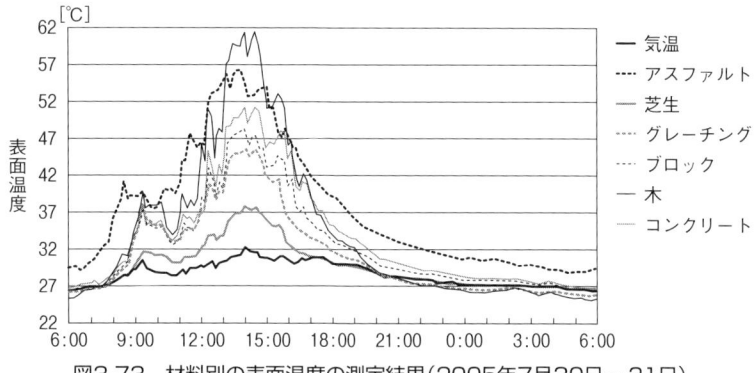

図3-73 材料別の表面温度の測定結果(2005年7月30日〜31日)

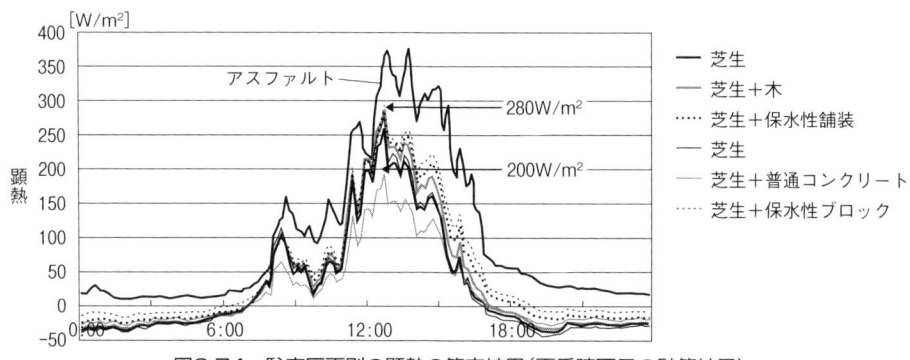

図3-74 駐車区画別の顕熱の算定結果(夏季晴天日の計算結果)

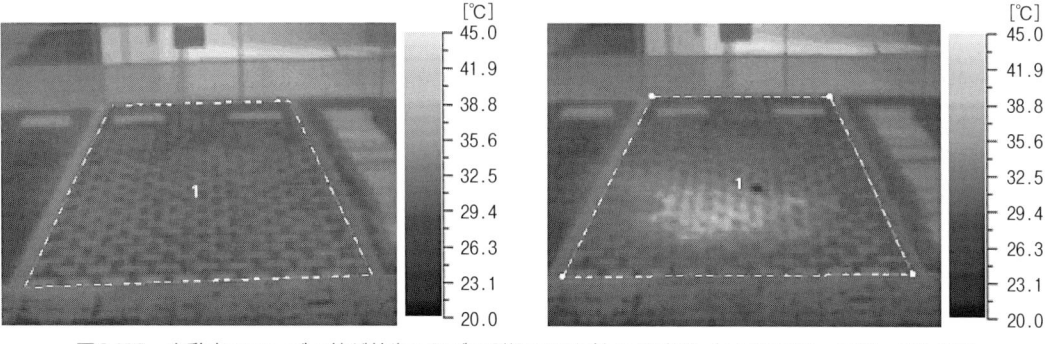

図3-75 自動車のエンジン熱が芝生へ及ぼす影響の調査(左:駐車前、右:駐車後)。口絵 p.7も参照

第3章 緑化技術(屋上緑化、壁面緑化、外構緑化等)の概要と適用事例

駐車場緑化 2
様々な舗装効果を実大実験で検証

概要
ヒートアイランド現象の緩和や景観性向上などの効果が見込まれる駐車場の芝生化について、その費用対効果を、保水性舗装、高反射率舗装等と比較するために、大学(明治大学・日本大学)と民間企業(パーク24株式会社)が協働して実証実験を行い、効果の総合的な評価・検証を行った。芝生の施工方法は、最も安価で汎用的な工法を用いた。ここでは、通年による実験の評価・検証を行う。

■緑化技術の種類
車室・車路等:芝生緑化・高木保全。

■物件概要(図3-76、3-77)
名称:タイムズポート聖蹟桜ヶ丘
所在地:東京都多摩市関戸1
用途:駐車場
発注者:パーク24株式会社
設計・植栽計画・既存樹木の保全および
　芝生設置:パーク24㈱営業企画部
設計期間:約1カ月
施工者:㈱NIPPOコーポレーション
施工期間:約2週間
駐車台数:298台(芝生舗装11台、保水性舗装23台、高反射率舗装7台)

■緑化概要
緑化面積:約668m² (芝生緑化283m²、クローバー緑化110m²、高木樹木保全275m²)
土壌厚:80mm内外
灌水方法:自然灌水+手撒き
植栽の種類:芝生(ノシバ)、クローバー
植栽の方法:ロール芝工法
建設費:アスファルト舗装(2400円/m²)の2.9倍。

図3-76 アスファルト舗装、芝生舗装、保水性舗装、高反射率舗装、保全されている高木樹の俯瞰写真

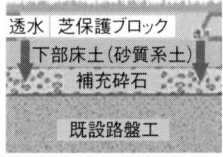

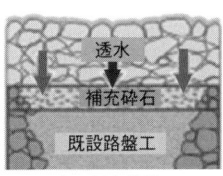

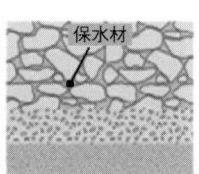

図3-77 各種舗装の断面模式図

■管理の特徴
1) 芝刈未実施。
2) 施肥3回(8月実績)
3) 除草未実施。
4) 病虫害防除未実施。
5) 灌水15回(手撒き分、8月実績)、その他は自然灌水。

■測定概要
　熱電対を埋め込み、地温の連続測定を行った。熱画像測定装置を用いて、様々な舗装の表面温度測定を実施した。

3.3 緑化技術の適用事例(駐車場緑化2)

■主な結果

1) 熱画像(測定日：2008年8月13〜14日)(図3-78、図3-79)

13時にはアスファルト舗装(3)が52.1℃に対して、芝生45℃(1)、保水性舗装43.9℃(2)、高反射率舗装が45.8℃(4)、樹木が35.2℃(5)であった。0時にはアスファルト舗装が30.8℃(3)に対して、芝生25.5℃(1)、保水性舗装28.9℃(2)、高反射率舗装が29℃(4)、樹木が27.3℃(5)であった。

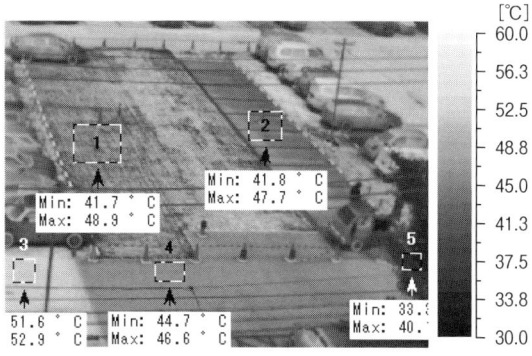

図3-78 熱画像(2008年8月13日13時)

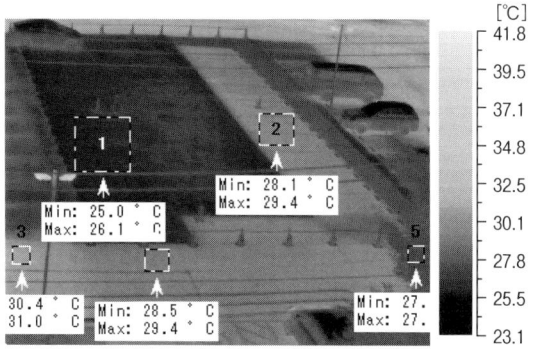

図3-79 熱画像(2008年8月14日0時)

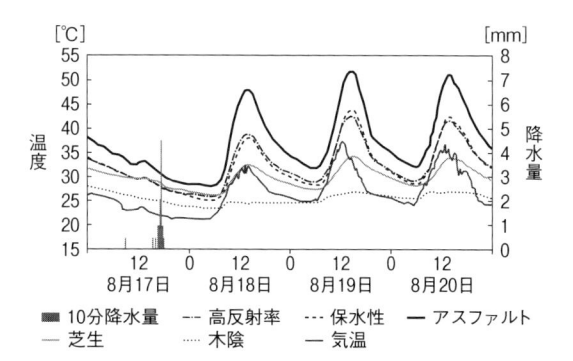

図3-80 地温(地中7cm)の経時変化(2008年8月17〜20日)

2) 地温(測定日：2008年8月17〜20日)(図3-80)

8月17日は曇りで午後降雨あり。8月18日〜8月20日は3日連続で晴れで、最高気温が30℃越えの真夏日であった。

降雨後に晴天が連続した場合、降雨後1日半程度は保水性舗装が保水した状態であったため、高反射率舗装よりも低温になるが、2日目以降は高温化した。しかし、いずれもアスファルト舗装よりも10℃以上低温になった。一方、芝生は高反射率舗装や保水性舗装よりもさらに5℃以上低温になり、木陰は芝生よりもさらに7.5℃低温になり、晴れた場合には気温よりも低温を保っていた。

■今後の課題

駐車場においては、降雨時に、芝生上を車が走行するなどして、タイヤの溝に芝生が挟まり根こそぎ剥がれてしまい(図3-81)、維持管理が困難であった。特に車路においては、車両通行頻度が高いため、最終的には、芝生の維持を断念し、アスファルト舗装に転換せざるを得なかった。

芝生による温度低下効果は、ほぼ確実に確認されただけに、強度の強い芝生の活用、地盤強化の方法など、維持管理面に配慮した施工、および、その費用低廉化が今後の課題と言える。

図3-81 芝生が剥がれ、土が露出した駐車場

[出典]
橋田祥子・青木新二郎・藤崎健一郎・加治屋亮一・酒井孝司：駐車場の舗装工法改善と緑化による夏季の温熱環境改善効果, 日本造園学会誌ランドスケープ研究, Vol.72, No.5, pp.471-474, 2009年.

第3章 緑化技術(屋上緑化、壁面緑化、外構緑化等)の概要と適用事例

校庭緑化 1
雑木林を保全した学校林で環境教育

概要

校庭を緑化する場合、芝生の緑化が一般的であるが、敷地内の学校林の保全・育成もまた、校庭緑化の一例である。日野市立旭が丘小学校の敷地内には、日野市の崖線部として住宅街の中に残る雑木林が保全されており、児童が樹名板を作成して樹木に取り付けたり、炭焼き、外来種の伐採、間伐材を用いたシイタケ栽培、落ち葉を用いた堆肥づくり、雑木林を紹介する新聞づくり、野鳥の観察などを行ったりして、雑木林を環境教育の場として活用し、ユニークな総合的な学習を行っている。また、児童と教職員、PTA が協働で雑木林を保全している活動に対して、2005年に全日本学校緑化コンクール「特選」を受賞している。

■緑化技術の種類

校庭の高木樹による緑化(雑木林の保全:学校林)

■物件概要(図 3-82)

名称:日野市立旭が丘小学校
所在地:東京都日野市旭が丘 5-21-1
用途:小学校
雑木林の保全期間:1977 年の学校設立以降

■緑化概要(図 3-83、表 3-4)

緑化面積:約 10,000m^2
植栽の種類:アカマツ、シイ、クヌギ等

表3-4 旭が丘小学校樹木調査結果(2009年8月)

樹木分類	種類	本数
落葉高木	22	101
落葉小高木	4	36
落葉低木	4	6
常緑高木	3	14
常緑小高木	1	2
常緑低木	3	5
不明		3
合計	37	167

図3-82 学校林とダスト舗装の校庭(左)と学校林内部の小道(下)

図3-83 児童が総合的な学習の時間に作成した樹名板

■管理の特徴

1) 2005 年 8 月にアカマツを伐採。以後、送電に影響を及ぼす危険のある枝木のみ、東京電力に依頼して剪定処理を行う。その後雑木林を日野市の財産として市役所とともに守っていくことを確認し、2010 年 3 月にアカマツやイヌザクラなどの大木の伐採を行う。2011 年 3 月にも緑と清流課による剪定を実施した。危険防止や成長等、必要に応じて学校用務主事が剪定作業を実施している。校歌にある松の若木が大木となり伐採したため、2011 年度卒業記念として、若木を 3 本植樹した。

2) 灌水は、雨水のみを活用。

3) 施肥は特に行っていない。

3.3 緑化技術の適用事例(校庭緑化1)

■測定概要

学校林(雑木林)の内部と、ダスト舗装(砂地)の校庭において、気温、地温、WBGT、日射量、紫外線量の測定を行った。

■主な結果

1) 日中のダスト舗装のWBGTの最高値は32.6℃、最低値は29.4℃であった(図3-84)。雑木林のWBGT最高値は28.9℃、最低値は27.7℃で、ダスト舗装よりも変動が小さく、暑熱環境が緩和されている。WBGTは31℃以上で運動禁止なので、ダスト舗装では運動禁止となっても、雑木林の中は運動禁止にはならなかった。

2) 校庭のダスト舗装の地温は、夏季の暑熱時には55℃以上になっていた。一方、学校林の地温は25℃程度で変動は小さかった。
　気温はダスト舗装が34℃程度まで上昇したが、学校林は30℃程度であった。黒球温度はダスト舗装が40℃以上になったが、学校林では30℃程度で変動が小さかった(図3-85)。

3) 8月6日13時の熱画像から、校庭のダスト舗装面の平均表面温度が55.3℃の時、学校林の樹木の平均表面温度は31.7℃であった(図3-86)。同時刻の気温が33.5℃であったことから、学校林の樹木は従来のダスト舗装の地表面温度に対して23.6℃も低く、大気を冷却するポテンシャルが高く、ヒートアイランドを緩和することが明らかになった。

4) 学校林の日射透過率の平均は5.28%、紫外線透過率の平均は8.74%であった。

5) 絶対湿度は、やや学校林のほうがダスト舗装校庭よりも高くなった。相対湿度は、顕著に学校林のほうが高かった(図3-87)。

[出典]

橋田祥子ほか:学校林の環境緩和機能評価について―小型GPS-UV測定装置を用いた移動観測―,日本建築学会大会(関東)学術講演梗概集, pp.777-778, 2011年.

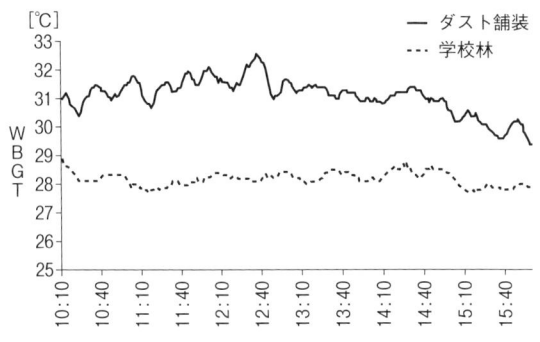

図3-84　WBGT測定結果(観測協力:明星大学)

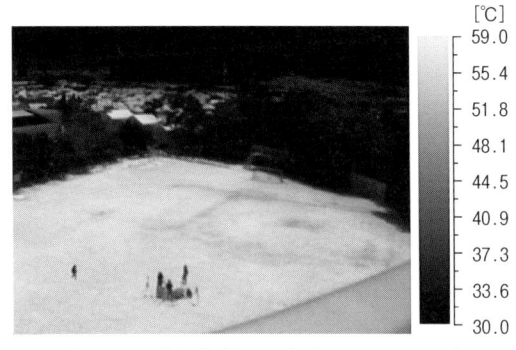

図3-86　熱画像(2011年8月6日13:00)

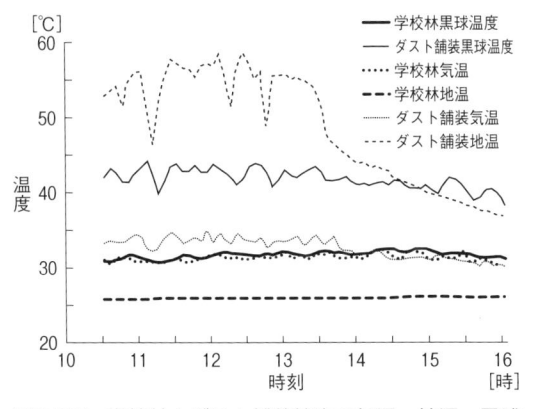

図3-85　学校林とダスト舗装校庭の気温・地温・黒球温度(8月6日)

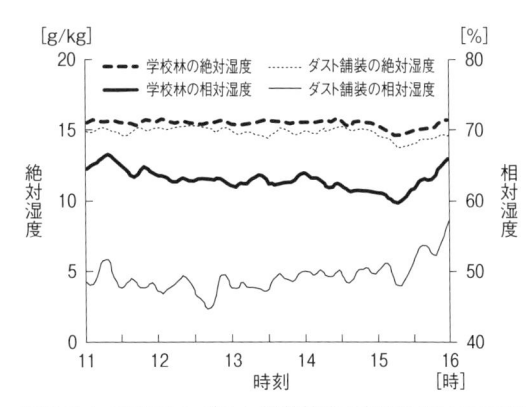

図3-87　学校林とダスト舗装校庭の相対湿度と絶対湿度(8月6日)

第3章　緑化技術(屋上緑化、壁面緑化、外構緑化等)の概要と適用事例

校庭緑化2
地域の環境を保全する天然芝のグランド

概　要
校庭を土から芝生に変えて生徒の情操教育に役立てることと、砂塵の飛散防止を目的として実施した。都市中心部に点在する校庭の芝生化は、まとまった緑地を確保することが可能になるので、ヒートアイランド現象の抑制という観点から有効な対策となる。その他には、怪我の予防、降雨による泥濘の防止等という特長がある。

■緑化技術の種類

校庭緑化

■物件・緑化概要(図3-88～図3-90)

名称：目黒区立A小学校
所在地：東京都目黒区
発注：目黒区
設計・施工：東洋グリーン㈱
施工期間：2004年6月
校庭面積：約1,500m²
土壌：石灰質土壌＋荒木田土
灌水方法：夏季毎朝約5L/m²散水
芝生種類：改良日本芝「みやこ」

■管理の特徴

学校関係者と近隣住民の協力で芝生のメンテナンスを実施している(図3-90)。

図3-90　散水状況

■測定概要

1) 熱画像(夏季晴天日16時撮影)
   表面温度：芝生34℃、土40℃以上(図3-91)

図3-88　施工前の状況(2004年4月)

図3-89　施工後の状況(2004年8月)

図3-91　表面温度(夏季晴天日16時頃)

3.3 緑化技術の適用事例（校庭緑化2）

2) 試験体による水分特性確認

校庭の土と芝生を再現した試験体を製作した。充分に散水した翌日から降雨がなく比較的晴れていた夏季1週間で、散水を土ユニットはなしで、芝生ユニットは現地の状況に合わせた。その結果、重量変化から求めた水分蒸発量は芝生が5～8mm/日程度に対し、土は約7mm/日から1mm/日未満まで漸減した。蒸発効率は芝生が0.5～1.0程度に対し、土は約1からほぼゼロまで漸減した（図3-92）。

3) 現地調査（2004年8月）

良く晴れた日であった8月12日から8月14日の日中の平均は、校庭GL+0.6mの気温が34.2℃で、芝生の表面温度は34.4℃であった。また、主風向は南東であった。

■解析データ

調査年の6月に芝生張りを行ったため、土の校庭と芝生の校庭の温熱環境を計算流体力学による解析で比較した。現地測定結果に基づき気温とSET*を計算した結果、芝生は土より気温は最大約3℃で、SET*は最大約1℃ほど低下した（図3-93）。

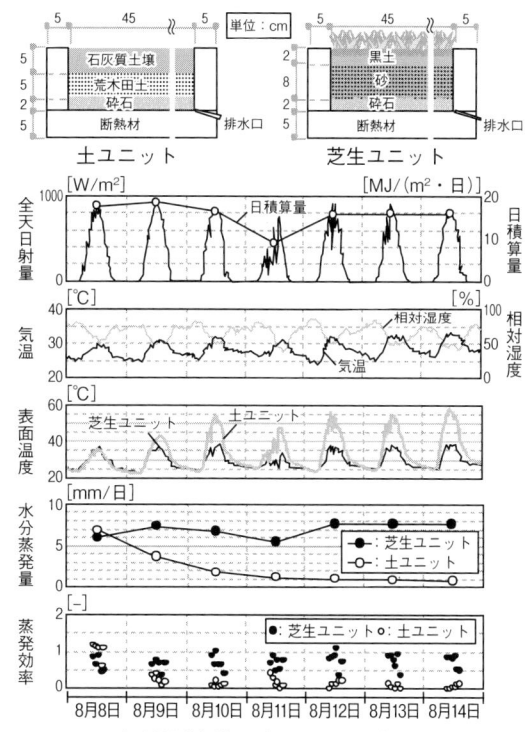

図3-92 試験体測定結果（2004年8月）

[出典]

梅田和彦・深尾仁・大黒雅之：芝生の校庭による校内の暑熱環境の緩和に関するCFD解析による検討, 日本建築学会環境系論文集 第608号, pp.9-15, 2006年.

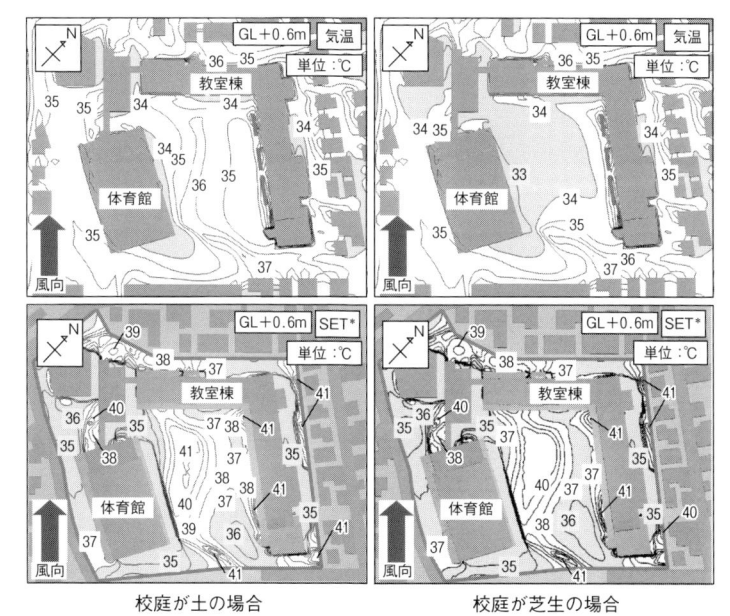

図3-93 土と芝生における温熱環境の比較（上：気温、下：SET*）

第3章　緑化技術(屋上緑化、壁面緑化、外構緑化等)の概要と適用事例

路面電車の軌道緑化

軌道沿線の環境改善に効果

概要
都市高速道路建設に伴う路面電車軌道移設工事に併せて、軌道沿線の環境・景観の向上、騒音・振動の低減等の効果を期待し、軌道路面の緑化を実施した。

■物件概要(図3-94)

施工場所：広島電鉄宇品線
　　　　　元宇品口電停～海岸通電停間
施工面積：789m^2
芝生種別：ノシバ
施工時期：2008年2月

■緑化技術の概要

ポーラスコンクリートを軌道緑化専用パネルとして採用し、緊急車両横断時の耐圧性や軌道メンテナンス性の確保を狙った。

■測定概要

熱画像撮影装置を用いて、緑化を施した軌道路面と非緑化軌道路面の表面温度を測定した。

■主な結果

2011年7月に行った表面温度分布の測定結果から、日中・夜間ともに、軌道緑化部は非緑化部に比べ表面温度が低く維持されており、特に夜間においてその差が大きくなる傾向が見られた(図3-95)。

[出典]
村谷優ほか：軌道敷緑化における熱環境および騒音環境改善効果の調査報告，日本土木学会大会梗概集，Ⅶ-131, 2012年.

図3-94　軌道緑化の概観
（口絵p.5も参照）

図3-95　路面の表面温度分布。左が14時、右が19時の測定結果。緑化部は非緑化部に比べ表面温度が低く、特にその差は夜間に顕著であった。口絵p.5も参照。

第4章 蒸発利用技術
（保水性舗装、保水性建材、建物散水、打ち水等）
の概要と適用事例

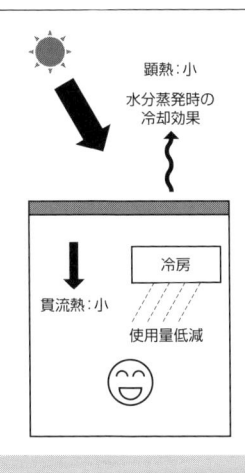

4.1 蒸発利用技術の概要

保水性舗装は、クールルーフの範疇からは外れますが、近年、人工地盤上への適用例や、建物屋上に設置する保水性建材等が市場に登場しており、ここでは、熱環境改善技術の一つとして取り上げます。分類として、大きく表4-1のように分けられます。保水性舗装は、保水性アスファルト舗装と保水性ブロック舗装の2種類に分類されます。

いずれの技術や手法も、蒸発の気化熱を利用するもので、水が蒸発するときに、蒸発の潜熱（2.44×10^{6}J/kg、25℃の時）を奪われることによって、材料そのものが冷やされます。冷却の程度は、気温、湿度、風速、日射量等に影響されるので、適用する場所は慎重に選択する必要があります。

表4-1 蒸発利用技術の分類

対象	技術名称	特徴
屋根 屋上 壁面	保水性建材	主に、屋上、ベランダ、外壁が対象。タイル、平板、粒状などの製品がある。
	建物散水	主に、折板屋根や膜屋根の上部から、霧状の水をスプリンクラー等で散布する方法と、屋根最上部から水を流下させる方法がある。壁面やガラス面への散水の例もある。
道路 舗装面 駐車場 広場 など	保水性アスファルト舗装 （一般的に保水性舗装と呼ばれる）	主に、車道や駐車場を対象としたアスファルト系舗装。母体となる開粒度アスファルト混合物の空隙に、吸水性、保水性を持つ、保水材を充填した構造を持っている。
	保水性ブロック舗装	主に、歩道や人工地盤上を対象としたインターロッキングブロック舗装。ブロック自身が保水性を持ち、その下に敷かれるクッション砂の保水能力と併せて保水機能を発揮する。
	打ち水 散水	打ち水は、道路や広場において、人の手によって散水することが元来の言葉の定義である。道路の中央分離帯等に給水配管を設置し、タイマー等で自動的に散水する方法も行われている。

4.2 期待される効果と留意点

4.2.1 蒸発利用技術の効果

以下に、蒸発利用技術に期待される効果を挙げます。

①ヒートアイランド緩和効果（大気に放出される顕熱の抑制）

②クールスポットの生成（外構設計の工夫による冷気のたまり場の生成）

③赤外放射の低減（放射環境の改善による快適

性向上、熱中症予防）

④建物の冷房負荷削減（屋根散水、保水性建材）

⑤夏季の室内環境の改善（屋根散水、保水性建材）

⑥雨水流出抑制（材料の保水性）、雨水の有効活用（水源としての雨水利用）

これまで、蒸発利用技術の主な目的は、プライベートベネフィット（④、⑤）よりも、パブリックベネフィット（①）やその他の効果（②、③、⑥）にあったと言えます。最近では、屋根散水や保水性建材も増えてきたことから、④建物の冷房負荷削減、⑤夏季の室内環境の改善についても評価の対象となります。④、⑤については、第2章の高反射率化技術、第3章の緑化技術ですでに詳しく述べているので、ここでは、蒸発利用技術の特徴的な効果として、①〜③を中心に説明します。

図4-1は、地表面または屋上面の熱収支の概念図を示します。左側が地表面または屋上面に入る正味の放射量で、日射量（短波）の入射・反射と、赤外放射（長波）の収支を合算したものです。右側は地表面または屋上面から出ていく熱収支成分で、対流（風）によって空気に伝わる顕熱、蒸発によって消費される潜熱、および地中や建物内に伝わる伝導熱です。

左側と右側はバランスするので、非保水の場合は、正味放射量は大気を暖める顕熱と、建物を暖める伝導熱に配分されます。一方、保水の場合は、水の蒸発によって潜熱として奪われるので、顕熱と伝導熱は小さくなります。つまり、①ヒートアイランド緩和効果と、④建物の冷房負荷削減に大きく貢献することがわかります。

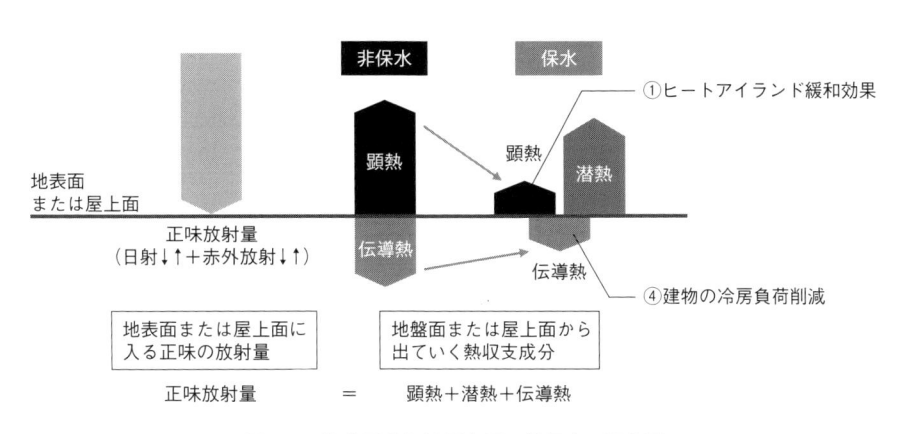

図4-1 地表面または屋上面の熱収支の概念図

図4-2は、屋外における人の温熱快適性に与える要素を示します。地表面が保水性材料の場合、図4-1の熱収支バランスの結果、路面温度が下がり、路面からの赤外放射が減ります（③赤外放射の低減）。材料によっては、濡れ色によって表面色が濃くなり、反射日射（いわゆる照り返し）も

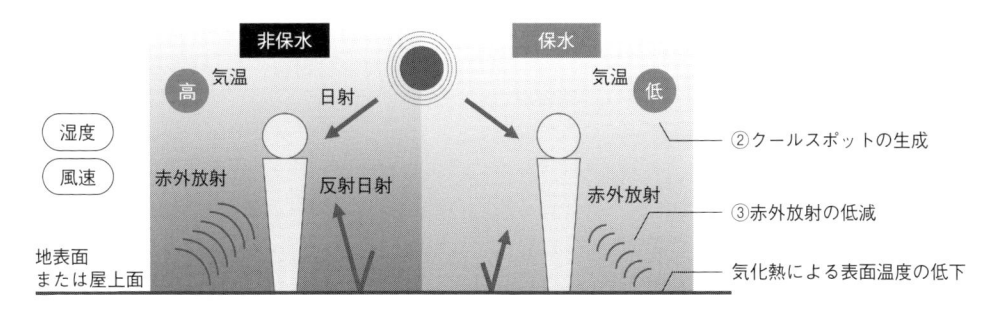

図4-2 人の温熱快適性に与える要素

減ります。また、建物外構など限られた空間を考えた時、大気に直接伝わる顕熱の低減と、周辺地物への赤外放射や照り返しの低減によって、空間の気温が低下します（②クールスポットの生成）。

4.2.2
蒸発利用技術の留意点

保水性舗装や保水性建材は、比較的新しい技術であり、技術や効果、施工後の維持管理等について正しく認識されていない点もあるので、注意が必要です。

(1) 適用場所

保水性アスファルト舗装は、主目的がヒートアイランド対策であり、都市部の車道への適用が一般的です。駅前広場など、面的に広く熱環境が問題になる場所への適用が望ましいと言えます。

保水性ブロック舗装は、建物外構などの比較的景観に配慮しなければならない場所に、通常のブロック舗装に代わって適用されます。ただし、建物の北側は日照時間も短く、路面温度も上昇しないので、適用の必要性は小さいと言えます。保水による効果（通常舗装との表面温度差）を大きく引き出せる日向への適用が望ましいと言えます。

保水性建材を建物屋上に適用する場合は、屋上緑化と同様に、荷重や風による負圧の問題があるので注意が必要です。また、半屋外空間や、室内に通ずる通路など、風の状態によっては、室内の水蒸気量を増加させ、結露を引き起こす場合もあるので、注意する必要があります。

内陸性の気候のように夏季に高温となる一方、冬季に凍結の恐れのある地域においては、保水性を特徴とする材料であるため、耐凍害性が確認された製品を用いる必要があります。

(2) 維持管理

保水性アスファルト舗装は、基本的には特別な維持管理作業はなく、通常の密粒度アスファルト舗装と同様です。ただし、騒音抑制機能を併せ持つタイプのものは、保水材の充填率が75％程度と空隙があり、目詰まりを起こす可能性があるので、機能回復が必要となる場合があります。

保水性ブロック舗装で使用されるブロックには、内部に水を保持する細孔があります。これらが目詰まりを起こして、吸水能力の低下や、表面の濡れの程度の低下を起こすことが考えられるので、定期的な洗浄による機能回復が必要です。また、特に保水率が高い場合、ブロック表面や目地にコケ類などの植物が発生しやすいので、定期的な清掃が必要です。

保水性建材は、適用場所が地表面ではないので、目詰まりの危険性は舗装よりも小さいと考えられます。しかし、日陰などでコケ類などの植物が発生した場合には清掃が必要です。

(3) 水源・給水量

保水性舗装や保水性建材の基本的な水源は雨水で、降水によって材料が保水し効果を発揮します。しかし、その保水量は、保水性アスファルト舗装で3～5L/m^2、保水性ブロック舗装で9～18L/m^{2}程度であり、夏季晴天日の標準的な1日の蒸発量4～7L/m^{2}から考えると、1～3日で蒸発してしまいます。したがって、効果を持続するためには、散水等の給水が必要となります。植栽や屋上緑化と同様に、舗装体内に給水機構をシステムとして組み合わせた方法も開発されています。この場合、貯留した雨水のほか、地下水や工業用水なども用いられていますが、基本的には植栽の灌水システムと同等の水質レベルが必要です。ただし、建物外構や建物屋上の場合で、面積が小さい場合には、上水を用いるほうが経済的であることが多いと言えます。また、散水や流水面等の水が人に触れる恐れがある場合には、上水や、目標水質に応じた処理水を使用する必要があります。

(4) 散水・給水スケジュール

保水材料の場合、伝統的な打ち水と同様に、日中表面温度が上昇する前に、散水、または給水によって保水させることが望ましいと言えます。表

面温度が高い状態で散水、または給水すると、急激に水の蒸発が起こり、大量の水蒸気が空気中に供給され、一時的に不快感の上昇が起こる可能性があります。したがって、早朝までに1日の蒸発分（およそ4～7L/m²）を材料に供給して保水させることが、運用面でも望ましいと言えます。

一方、保水材料ではない表面に散水する場合は、部位や材料によって運用の方法が異なります。壁面やガラス面のように、循環式でほぼ連続的に散水する場合もあれば、屋根散水やアスファルトへの散水のように間欠的に行う場合もあります。間欠的に行う場合には、排水される量が最少になるように、給水量と蒸発量のバランスを考えて散水、給水スケジュールを決定する必要があります。

4.3 蒸発利用技術の市場動向

4.3.1 保水性舗装の市場動向

保水性舗装の施工実績は、路面温度上昇抑制舗装研究会の資料（図4-3）[4-1]によると、2012年度までの累計で約85万m²に達しました。これは東京ドーム18個分の面積に相当します。都道府県別では東京都が全国の約半分で、首都圏が全国の約3分の2を占めています（図4-4）[4-1]。

保水性舗装は、表4-1に示すようにアスファルト舗装とブロック舗装の2種類に分類されます。保水性アスファルト舗装は、開粒度アスファルト混合物の空隙に充填された保水材に含まれる水分が蒸発する際の気化熱で舗装表面の温度を低下させることができ、歩道のほかに車道や駐車場等にも適用されていま

図4-3 保水性舗装の施工実績[4-1]（一部、保水性ブロック舗装を含む）

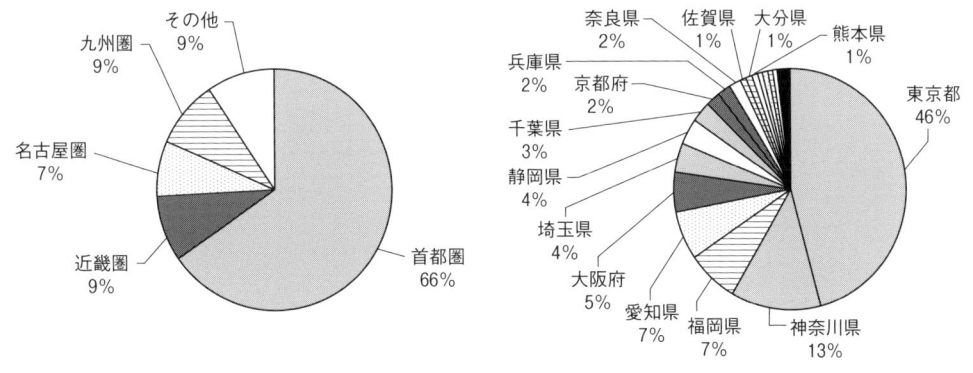

図4-4 保水性舗装の地域別施工実績[4-1]（一部、保水性ブロック舗装を含む）

す[4-2)]。

一方、保水性ブロック舗装は、使用する保水性ブロックの内部でつながった微細な空隙とブロック下の敷き砂、およびブロック目地の隙間に充填された砂に含まれる水分が蒸発することで舗装表面の温度を低下させることができ、主に歩道に適用されています。

給水方法としては、降雨による貯水のほかに、保水性アスファルト舗装では舗装端部から散水する方法等が採用されています。一方、保水性ブロック舗装では、ブロック下の敷き砂層に灌水チューブを埋設してブロック下部から給水する方法等が採用されています。

近年、保水性ブロックの開発が進み、陶器屑の粉砕物を使用したセラミック系や、土を焼成したレンガ系等が実用化されています。

4.3.2
保水性建材の市場動向

(1) 保水タイル・保水平板

屋上面や壁面等の建物外皮に適用できる保水性建材が、近年、市場に増えています。身近なものでは、ベランダや屋上にDIY感覚で敷き並べることができる保水タイルがあります。セラミック製のタイルとジョイント機能付きのプラスチック架台を組み合わせた商品で、建材メーカーから多くの商品が販売されています。ただし、軽量化のため、タイル自身の厚さは10mm以下と保水量は多くなく、効果的に使用するには、打ち水等による給水が必要です。

保水平板は、ビルの屋上等に敷き並べ、最上階の暑さ対策や省エネルギー、ヒートアイランド対策になります。舗装用平板と比べて薄い製品が多いですが、厚さ20〜60mm程度、保水率15〜80%と、保水タイルより保水量が多く、雨水を保持することで、効果を発揮します。

(2) 保水性石材・保水性粒状材料

保水性のある石材や溶岩の加工品は、ヒートアイランド対策資材として市場に流通しており、建物の外壁等に使用されている例があります。

また、保水性のある粒状セラミックス製品が開発されています[4-3)]。直径4cm程度の粒状セラミックスを、施工しやすいようにネットに封入し、屋上に敷き並べて使用します。保水率60%以上という高い保水性能によって、雨水流出抑制と省エネルギー、ヒートアイランド緩和に、高い効果が確認されています。

(3) 保水壁・保水ルーバー

住宅の目隠し壁や、東屋の壁に使用することを想定した保水壁が商品化されています[4-4)]。約5%の保水率を持つ陶磁器質孔あきブロックを積層した、風の通るフェンスで、気化熱を奪われた空気がフェンス内に流通します。

また、近年、オフィスビル等の省エネルギーを目的として、外装ルーバーが多く使われています。このルーバーを保水化した製品が開発されています[4-5)]。中空の高保水性テラコッタルーバー内を、地下貯留槽から太陽光発電でポンプアップされた雨水が循環し、陶器に浸透した水が蒸発して、周辺気温を約2℃低下させます。

4.3.3
散水、流水技術の市場動向

(1) 屋根散水

屋根散水は、工場の折板屋根や膜屋根等の、比較的断熱性能の高くない屋根に対して、夏季の貫流による空調(冷房)負荷を低減させることを目的としています。屋根に散水を行うことで、屋根表面温度の上昇を抑制する効果が期待されます。すでに1980年代から実施例が見られ、屋根散水による省エネルギーや室内の温熱快適性の改善効果についても検証されています[4-6)]。

散水量に関しては、屋根面積1m²当たり1日で10L程度が蒸発の能力として最大とされており、1時間当たり1L程度の散水が効果的と考えられています。しかし、散水用のスプリンクラー等の

ノズルでは、その量に適した少量の散水を可能とするものが少ないため、実際には間欠運転を行うことにより、散水量の調整を行っている事例が多く見られます。また、近年では、微細ミストと呼ばれる粒径が数十μmの小さな水粒子を屋根等に噴霧することで、散水量を最適化する試みも行われています。この場合、粒径が細かいことによって風で飛散するなどの新たな課題も見受けられます。

(2) 水盤、打ち水

昔から日本人が行ってきた打ち水も、道路等地表面温度の上昇を抑制し、ヒートアイランド緩和に貢献することが期待されています。しかし、打ち水の量や時間帯によって、その効果が異なってくることも指摘されています。研究事例では、小規模な打ち水を朝夕の時間帯に実施すれば、蒸発潜熱を増加させ、また水蒸気も拡散されるため、局所的に温熱環境を和らげるとされています。

また、真夏の打ち水による効果と冷房による電力需要の関係について、気象モデルと建物エネルギー消費を連成させたシミュレーション結果では、打ち水によって、気温は平均0.6℃下がるものの、相対湿度が平均9.6％上昇することで、最大電力需要はわずかに増大する結果となりました。これは、昼間に道路面積1m²当たり1Lの大規模な打ち水を行った場合には、大きな蒸発を招く一方、水蒸気が拡散できないためと考えられます。一方、17時に実施した場合は温熱環境を和らげるほか、17時以降の電力需要をわずかに下げる効果がありました。なお、10時に撒いた場合は、わずかに最大電力需要を押し下げる結果となりました[4-7]。このように、打ち水の量や実施時間によって効果が異なるため、より効果的な打ち水を行うことが重要と考えられます。

この打ち水を、機械的に(あるいは自動で)行う手法として、外構部に良く見られる水盤・噴水等の水景施設をヒートアイランド緩和の技術として活用する例もあります。近年、これらの水景施設によるヒートアイランド緩和効果などを実測で評価した事例もあり、今後データの蓄積により効果が示され、普及することが期待されます。

(3) 光触媒、感温性ハイドロゲル等の活用

屋根や壁面等への散水を行う際に、一つの問題として散水した水が屋根や壁面全体に広がらず、水道(みずみち)やむらが生じることで効果が小さくなることが挙げられます。そこで、表面に酸化チタン等の光触媒を塗布することで表面を親水性とし、水が水滴にならず薄く広がることで、建物表面を全体的に濡らすことができ、ヒートアイランド緩和や省エネルギー効果が大きくなることが検証されています[4-8]。

また、散水における水量の調整が難しい点に関して、新素材である感温性ハイドロゲル(温度により吸排水する高分子材)を使うことで、温度に応じて自律的に吸排水し、省水化を実現することが可能になる技術も研究されています。あたかも、人が発汗するような機構を建物表面で実現しようとするもので、実用化が期待されます[4-9]。

[引用文献]

4-1) 路面温度上昇抑制舗装研究会［クール舗装研究会］
http://www.coolhosouken.com/
4-2) 路面温度上昇抑制舗装研究会：保水性舗装 技術資料 ver.3, 2011年7月.
4-3) 株式会社LIXILグループ：2010年08月04日ニュースリリース
http://inax.lixil.co.jp/company/news/2010/060_eco_0804_649.html
4-4) YKK AP株式会社：2008年3月4日ニュースリリース
http://www.ykkap.co.jp/company/japanese/news/2008/20080304-2.asp
4-5) 株式会社日建設計
http://www.nikken.co.jp/ja/archives/10061.html
4-6) 環境負荷ゼロ建築を目指して―竹中工務店の挑戦―, ㈱竹中工務店地球環境室編著, 大成出版社, 2000年1月15日.
4-7) 産業技術総合研究所：夏季における計画停電の影響と空調節電対策の効果を評価
http://www.aist.go.jp/aist_j/new_research/nr20110621/nr20110621.html
4-8) NEDO事業：光触媒利用高機能住宅用部材プロジェクト
http://www.nedo.go.jp/activities/ZZ_00151.html
4-9) 石川幸雄ほか：感温性ハイドロゲルを利用した建物外壁の水分蒸発冷却効果に関する研究, 空気調和・衛生工学会学術講演会講演論文集, pp.2041-2044, 2007年.

第4章 蒸発利用技術(保水性舗装、保水性建材、建物散水、打ち水等)の概要と適用事例

保水性舗装 1
ブロック舗装(給水型) 集合住宅の外構・歩道

概要
保水性舗装は、ヒートアイランド対策とともに、路面からの赤外放射の低減に寄与する。特に、日陰のない歩行空間においては、下面からの赤外放射を低減することによって、人の暑熱環境を改善する。写真は集合住宅の外構の長い歩道に適用した例で、幼児や高齢者といった熱的弱者に配慮した計画となっている。

■物件概要(図4-5、4-6)
名称：アートヴィレッジ大崎
　　　　(業務棟・賃貸棟)
所在地：東京都品川区
用途：事務所、店舗、集合住宅
発注者：大崎駅東口第3地区市街地
　　　　再開発組合
設計者：大林組
施工者：大林組(業務棟)
　　　　大林組、NIPPO(賃貸棟)
工期：2004年8月～2006年12月

■技術概要
施工面積：777m^2
ブロック：保水性セラミックブロック
給水：タイマー制御による下面給水
　　　(夏季1日当たり約5L/m^2)

[資料提供]
株式会社大林組

図4-5　熱的弱者に対して赤外放射を軽減する保水性舗装(歩道)

図4-6　歩道全体

4.4 蒸発利用技術の適用事例（保水性舗装 1, 2）

保水性舗装 2
ブロック舗装（給水型） 小学校・屋上

概要
保水性舗装を屋上面や人工地盤上に適用すると、屋上緑化と同様に、省エネにも効果がある。写真は、小学校の校舎の屋上に採用した例で、階下の教室の夏の温度が大幅に下がった。車椅子の生徒が容易に屋外で過ごすことができるように、屋上緑化だけではなく、舗装部分が整備された。

■物件概要（図 4-7）
名称：港区立港南小学校（改修）※注
所在地：東京都港区
用途：学校
発注者：東京都港区
設計者・施工者：大林道路
完成：2006 年 3 月
※注）現在は移転により、取壊し済み。

■技術概要
施工場所：校舎屋上
施工面積：76m^2
ブロック：保水性セラミックブロック
　　　　　（一部レンガチップ）
給水：タイマー制御による下面給水
（夏季 1 日当たり約 5L/m^2）

[資料提供]
株式会社大林組

図4-7　児童の熱ストレスを軽減（学校屋上）。口絵 p.1 も参照。

第4章 蒸発利用技術(保水性舗装、保水性建材、建物散水、打ち水等)の概要と適用事例

保水性舗装 3
ブロック舗装　公園・園路

概　要
都市内に存在する公園緑地のヒートアイランド緩和効果を強化する目的で、芝生植栽の周りの歩道部分を保水性舗装化した。2006年度は片側のみを保水性舗装化することで、アスファルト舗装部分との効果の比較を行い、効果が確認されたため、翌年にもう片側についても保水性舗装化が実施された。

■物件概要(図4-8)
名称：都立日比谷公園園路
用途：都市公園
竣工：2006年7月(改修工事)
構造：保水性舗装(インターロッキングブロック)

■技術概要(図4-8)
舗装面積：約930m^2(2006年工事分)
舗装材：保水性ブロック(エンテック製)
色：ライトブラウン・ダークブラウン
灌水：なし(自然降雨)

図4-8　施工場所の概況と保水性舗装の構造

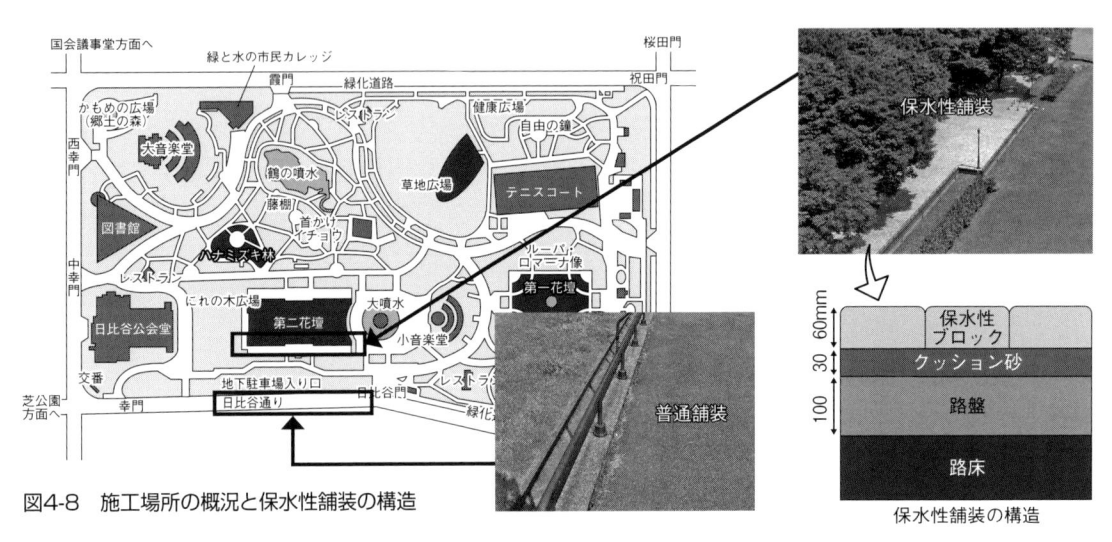

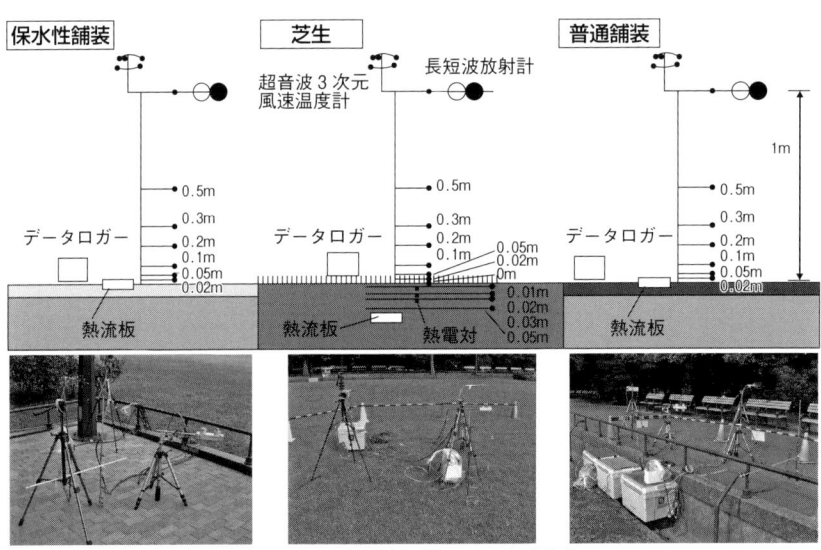

図4-9　温熱環境の測定項目と測定点

4.4 蒸発利用技術の適用事例(保水性舗装3)

■測定概要

公園内舗装の保水性舗装化に関して、芝生および舗装部分の熱収支特性に関して、実測による評価を行った(実測期間:2006年8月)(図4-9)。

■主な結果

1) 表面温度:普通舗装では、日中・夜間ともに気温よりも表面温度が高く推移している。一方で、芝生や保水性舗装では、夜間において表面温度が気温よりも低くなっており、芝生では3℃程度、保水性舗装では1℃程度低い。日中の最高温度は、普通舗装は50℃を超えているのに対し、保水性舗装や芝生では40℃程度であった。保水性舗装では、散水直後の8月5日に比べ、日が経過するにつれて表面温度が高くなる傾向が見られるが、それでも普通舗装よりも表面温度は低く、日射反射率の差や、蒸発潜熱による効果と考えられる(図4-10)。

2) 蒸発特性:蒸発散量の変化から、芝生、保水性舗装とも、日中の蒸発散量が多く、特に芝生が多くなっている。保水性舗装の日蒸発散量は日中はほぼ1.4〜2.2L/(m²・日)程度で、散水の翌日には値が小さくなっているが、蒸発冷却効果は維持できているものと考えられる。芝生や保水性舗装では、蒸発散量が多いことで潜熱消費が進み、表面温度が低く維持されているものと考えられる(図4-11、表4-2)。

[調査主体]
東京都環境科学研究所.

[出典]
三坂育正ほか:都市内緑地における芝生・舗装面の熱収支実測, 日本建築学会大会学術講演集, D-1, pp.669-670, 2007年.

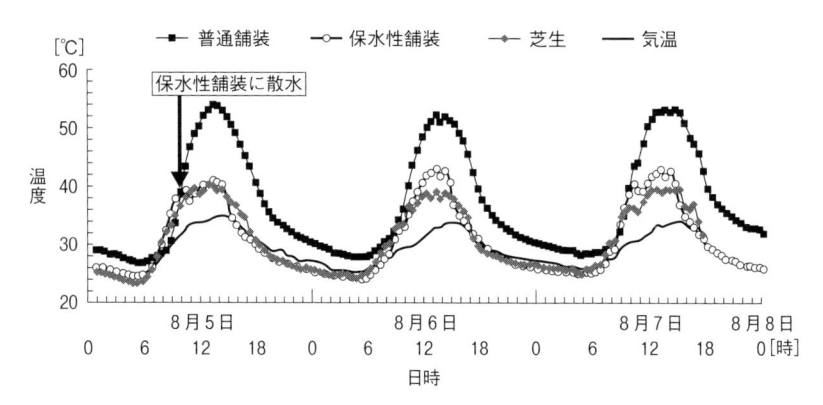

図4-10 表面温度の経時変化

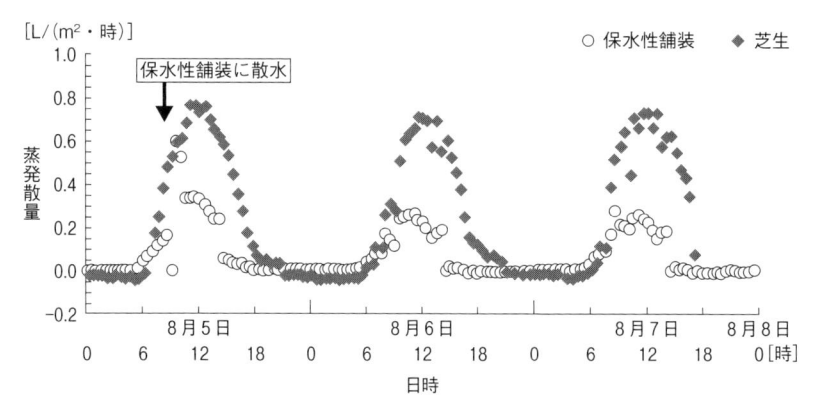

図4-11 蒸発散量の経時変化

表4-2 芝生と保水性舗装の日蒸発散量の比較

	日蒸発散量[L/(m²・日)]		
	8月5日	8月6日	8月7日
芝生	5.29	5.30	5.54
保水性舗装	2.18	1.40	1.45

第4章　蒸発利用技術(保水性舗装、保水性建材、建物散水、打ち水等)の概要と適用事例

保水性舗装 4

ブロック舗装(給水型)　屋上庭園の園路

概 要
主として、歩道や広場等の歩行空間を対象とした保水性ブロック舗装。舗装の下に底面給水のシステムを導入することにより、夏季の無降水時でも湿潤が可能である。暑い屋上空間の舗装面を冷却し、歩行者に対する赤外放射を低減する。

■物件概要(図4-12)
名称：なんばパークス(商業棟)
所在地：大阪市浪速区
用途：複合商業施設
発注者：南海電気鉄道、高島屋
街づくり：
　[企画] 南海都市創造、高島屋
　[監修] 日建設計
デザイン：大林組
　[デザイン協力]：ジャーディ・パートナーシップ・インターナショナル INC.
設計者：大林組
施工者：大林組、南海辰村建設、大成建設、熊谷組
工期：[1期] 1999年11月～2003年10月
　　　[2期] 2005年6月～2007年4月
構造：S造、一部SRC造
階数：地上10階、地下4階
敷地面積：33,729m^2(パークスタワー含む)
建築面積：25,500m^2(パークスタワー含む)
床面積：243,800m^2(パークスタワー含む)

■技術概要(図4-13)
施工場所：7階展望広場
施工面積：30m^2(1期)、45m^2(2期)
ブロック：保水性セラミックブロック
給水：タイマー制御による下面給水(夏季1日当たり約5L/m^2)
水源：雑用水(工業用水＋中水)

図4-12　施工写真(口絵 p.6も参照)

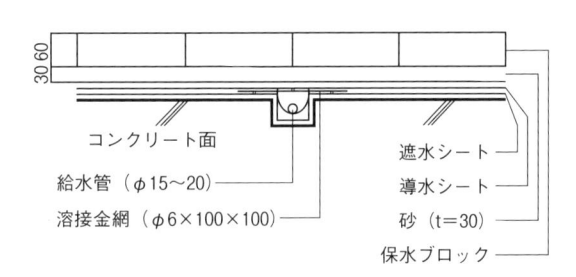

図4-13　断面図(単位：mm)

■管理の特徴
降雨時は雨水センサによって給水を停止する。また、夏季以外は稼働を停止する。表面の汚れ防止と目地の雑草防止のため、清掃等の定期的な維持管理が推奨される。

■測定概要
表面温度および黒球温度の測定、および熱画像の比較を行った。

4.4 蒸発利用技術の適用事例(保水性舗装 4)

■主な結果

1) 表面温度の変化のグラフを見ると、日中はカラーコンクリートと比べて最大10℃程度、アスファルトと比べて18℃程度低いことがわかる。夜間になってもその効果は継続し、カラーコンクリートと比べると7〜8℃程度、アスファルトと比べると約10℃程度低くなっている(図4-14)。

2) 黒球温度の測定結果では、日中はカラーコンクリート上と比べると0.3〜1.2℃、アスファルト上と比べると3.5〜4.8℃低く、体感的にも効果があることがわかる。夜間もカラーコンクリート上やアスファルト上よりも若干(1〜1.5℃程度)低くなっている(黒球温度:周囲の地物からの赤外放射の影響を加味した温度)。(図4-15)

3) 適用場所が屋上庭園であることから、表面温度が下がることによって、屋上面から室内への熱の流入が抑えられる。また、屋上面から空気に伝わる熱も減るため、ヒートアイランド対策になる。さらに、赤外放射が減るので、展望広場を訪れる人の温熱快適性改善にも効果がある。

4) 熱画像の結果からも、対象範囲の湿潤と蒸発冷却の様子がわかる。ただし、ブロックの色によっては1〜2℃の温度の違いが見られる(図4-16)。

[資料提供]
株式会社大林組

図4-14 表面温度の測定結果

図4-15 黒球温度の測定結果

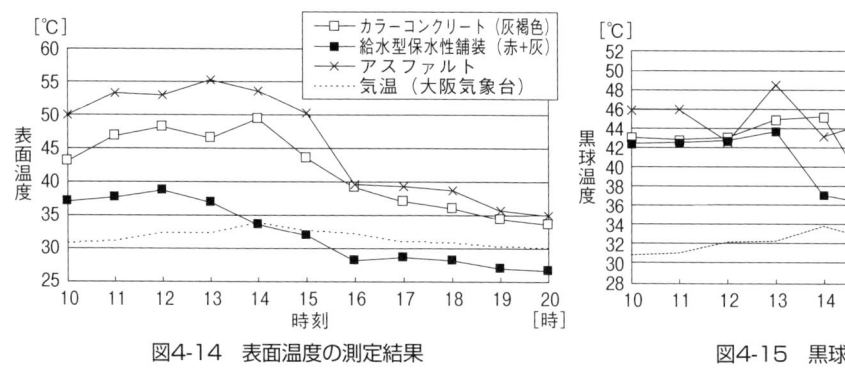

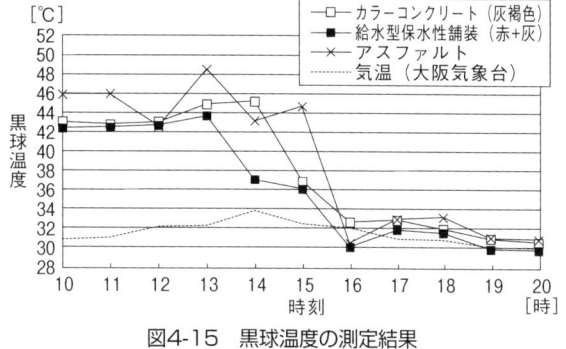

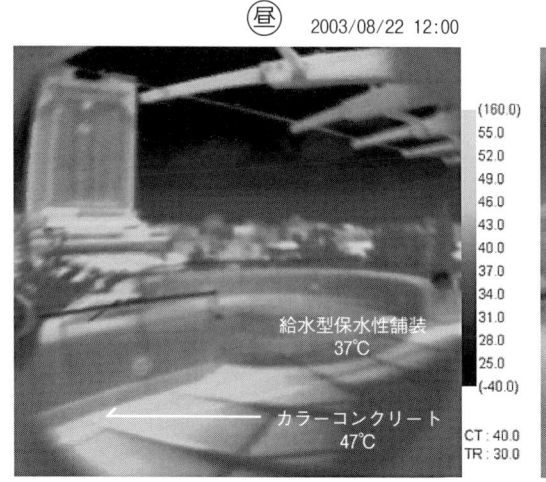

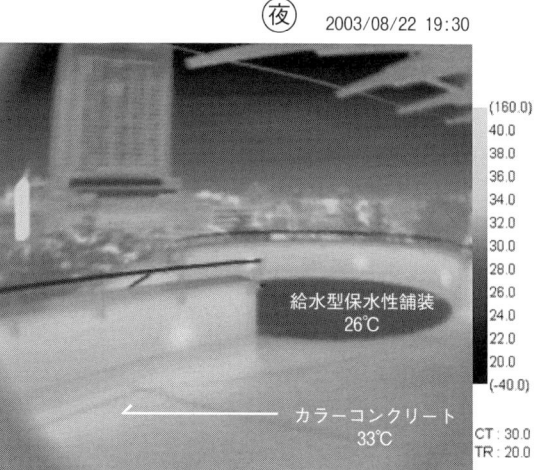

図4-16 熱画像の比較(口絵 p.6も参照)

第4章 蒸発利用技術(保水性舗装、保水性建材、建物散水、打ち水等)の概要と適用事例

保水性舗装 5
アスファルト舗装　車道

概　要
横浜市道路局では、2003年度より「すず風舗装整備事業」として路面温度の上昇を抑制する舗装を実施している。保水性アスファルト舗装を市街地の街路に施工し、施工後の性能評価を複数年にわたり実施したところ、保水性アスファルト舗装の温度低減効果が持続していることが確認できた。

■物件概要(図4-17)
名称：ベイスターズ通り
所在地：横浜市中区
用途：車道
発注者：横浜市
施工者：大林道路
竣工：2003年8月

■技術概要(図4-18、4-19)
施工面積：約880m^2
表層：開粒度アスファルト混合物＋保水性材料
基層：密粒度アスファルト混合物

図4-17　施工写真

図4-18　舗装境界

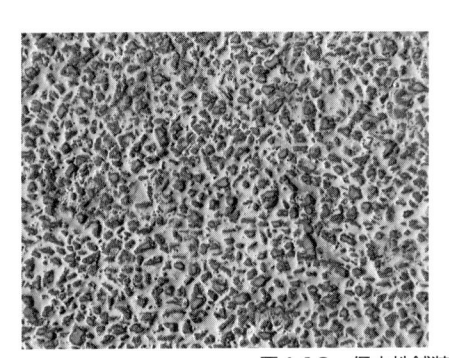

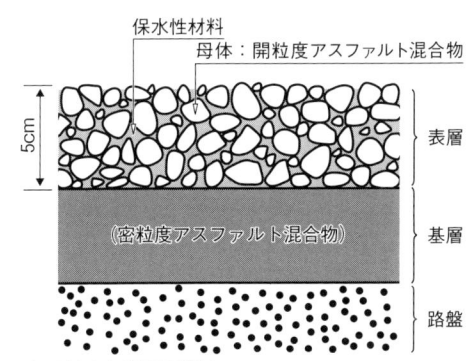

図4-19　保水性舗装の表面(左)と断面図(右)

4.4 蒸発利用技術の適用事例(保水性舗装 5)

■測定概要

1) 保水性舗装と隣接する通常舗装の表面から1cm下に温度センサを設置し、定期的に温度を測定し、比較した。また、降雨翌日の路面温度差を、3年間にわたり測定した。
2) 散水実験
   ①散水日時:2004年8月18日(水)午前6時30分から午前7時
   ②散水方法:散水車による散水
   ③散水量:1m² 当たり約1L
   ④使用水:下水道処理水
   ⑤温度測定方法:舗装の表面1cm下に設置してある熱電対温度計

■主な結果

1) 気温30℃を超えた2003年8月24日(日)では、通常舗装(既設密粒度舗装)に比べて舗装温度が約7℃から16℃低減するという測定結果が得られた(図4-20)。
2) 8月から9月にかけて行われた3年間の路面温度測定の結果から、温度低減効果が持続していることが確認できた。
3) 散水実験の結果から、散水日以降の現象として、温度低減効果(通常舗装−保水性舗装)は散水後4日間とも10℃程度を維持している(図4-21)。なお、この実測においては、保水性舗装に日射が当たり始める時間が、通常舗装よりも若干遅れている点を注記しておく。

[出典]
横浜市ホームページ道路局記者発表資料(すず風舗装プロジェクト)ほか

[資料提供]
大林道路株式会社

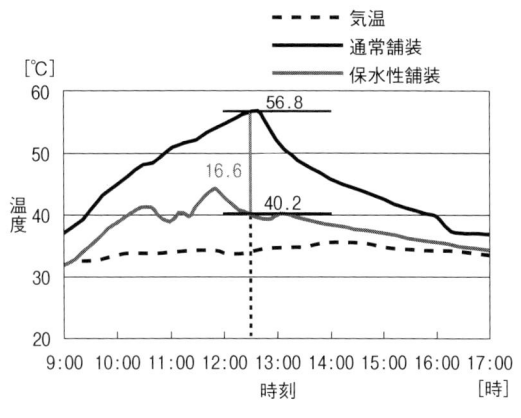

図4-20 2003年8月24日(日)の路面温度の変化

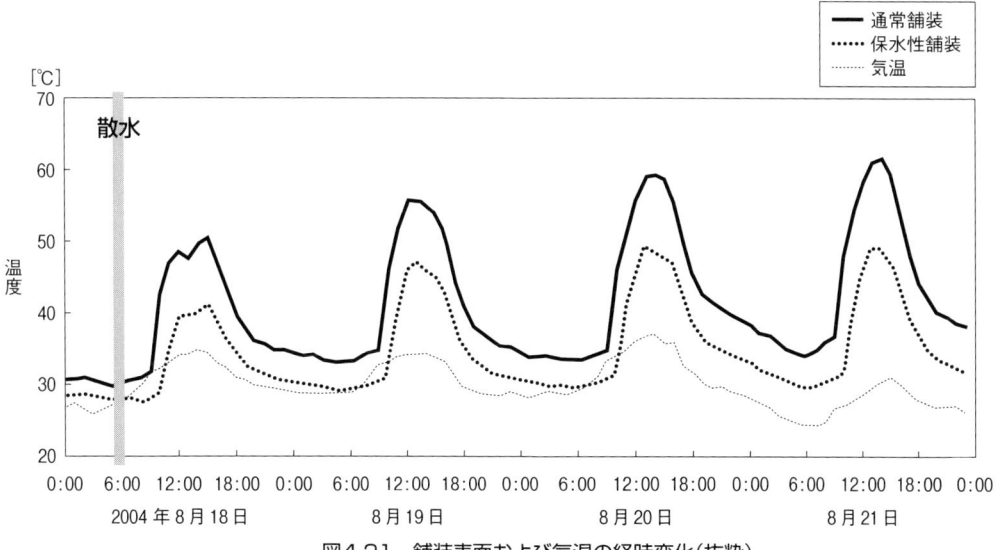

図4-21 舗装表面および気温の経時変化(抜粋)

第4章 蒸発利用技術（保水性舗装、保水性建材、建物散水、打ち水等）の概要と適用事例

散水 1
膜構造屋根散水システム　大学体育館

概　要
膜構造屋根散水システムは、屋根面などに取り付けたスプリンクラー等を作動させて散水し、冷房負荷を低減させることで省エネルギーを図るとともに、放射環境の改善により室内の温熱快適性の向上が期待される。屋根の温度上昇を防ぎ、室内への侵入熱量を低減させることにより、建物内部の自然冷房を行った。

■物件概要（図4-22）
名称：広島学院サビエル体育館
所在地：広島県広島市
用途：体育館
発注者：広島学院
設計施工：竹中工務店
工期：1987年10月～1988年8月
構造：RC構造、膜構造屋根（アリーナ部分）
膜材：グラスファイバー基布とテフロンコーティング
厚さ0.8mm、一重膜
階数：地下1階、地上2階
延べ面積：2,382.6m^2

■技術概要（図4-23、4-24）
散水面積：約988.6m^2
スプリンクラー（1個当たりの性能）：
　散水量　17L/分
　散水範囲　直径13.8m
散水量：4.1L/(m^2・時)（スプリンクラー5個設置）

■管理の特徴
散水用の水には、体育館裏山からの豊富な湧水を活用した（散水後は雨水系統で排水）。

図4-22　建物概観

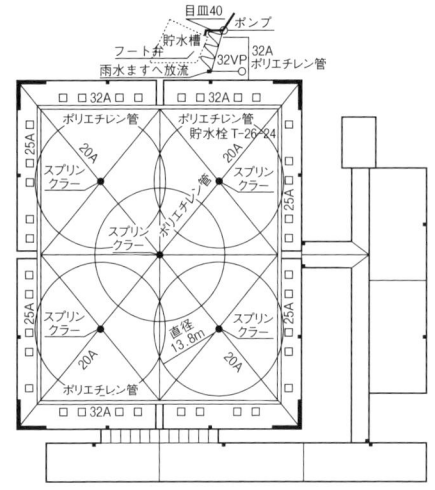

図4-24　散水配管系統平面図

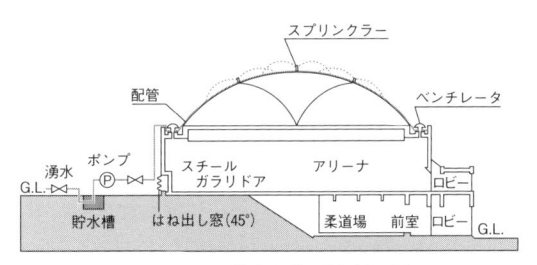

図4-23　散水配管系統断面図

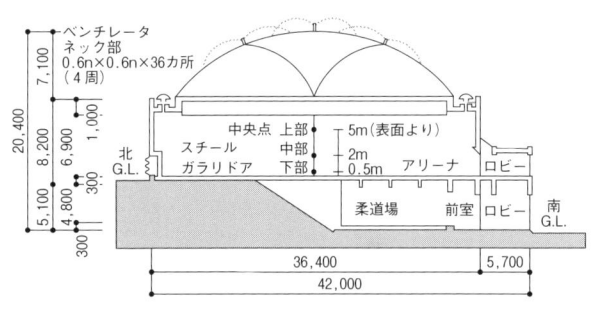

図4-25　温熱環境の測定箇所

4.4 蒸発利用技術の適用事例（散水 1）

■測定概要（図4-25）

膜屋根に散水した場合と非散水の場合におけるアリーナ内部温熱環境（気温・相対湿度、気流速、放射など）を、実測により評価した。温熱快適性は、PMVを用いて評価を行った。

実測期間：1988年8月

■主な結果（図4-26）

1) 膜屋根の外表面温度は、散水により7.5〜9℃程度の温度低減が見られた。また、アリーナ内垂直温度分布では非散水時と逆転し、アリーナ上部のほうが低温となった。

2) 散水前に不快を感じていた人が71%いるのに対し、同様の気象状態の散水中には12%に低減した。屋根散水を行うことにより膜屋根内側の表面温度は平均的に10℃低下し、これによりPMVは、散水前の1.89（暖かい）から0.69（ほぼ快適）まで下がり、不満足者率（PPD）も散水前の71%から散水中の12%へと59%低下した。

3) 水分の蒸発冷却効果によって屋根表面温度と内部温度が低下し、さらに屋根面からの冷放射と下降気流に伴う内部気流速の増加により、内部の快適性が著しく向上したことが考えられる。

4) 屋根散水による蒸発冷却と自然換気の複合利用により、自然換気状態で屋根散水を行うことで、非散水時に比べて、約8%自然冷房時間が増加した。

[出典]
石川幸雄：膜構造屋根散水システムの蒸発冷却効果に関する研究, 竹中技術研究報告, 50号, pp.37-52, 1994年.
㈱竹中工務店地球環境室 編：環境負荷ゼロ建築を目指して―竹中工務店の挑戦, 大成出版社, 2002年

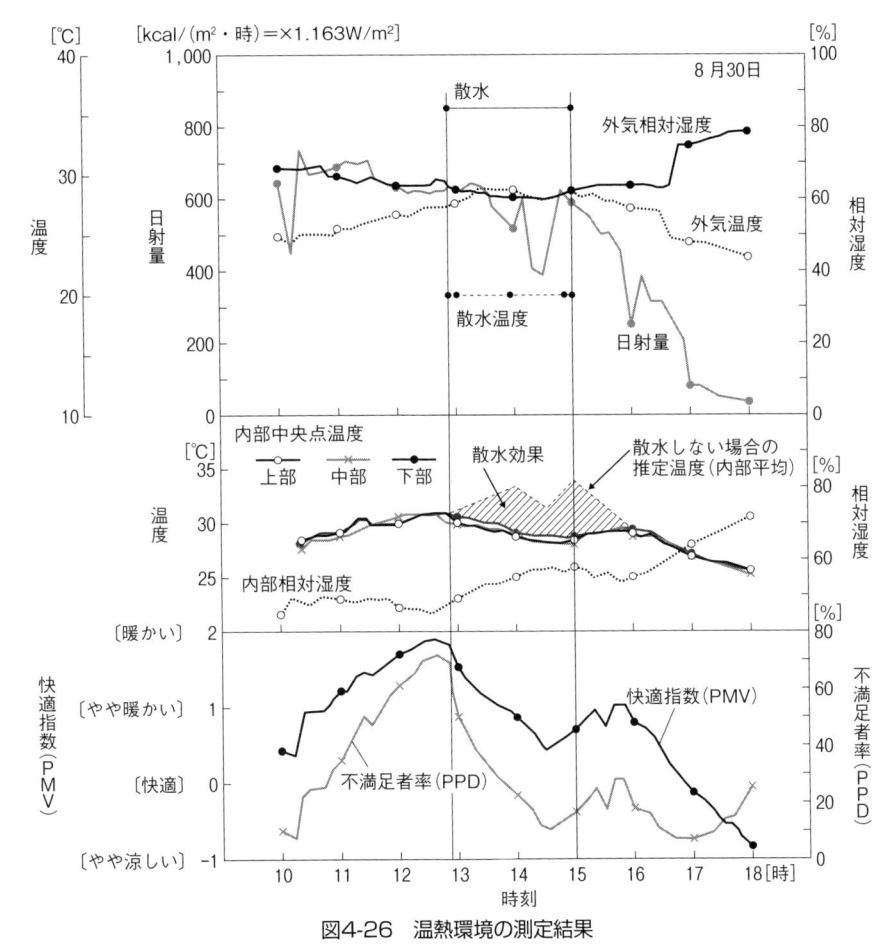

図4-26 温熱環境の測定結果

第4章 蒸発利用技術(保水性舗装、保水性建材、建物散水、打ち水等)の概要と適用事例

散水2
流水型水盤による散水システム

概　要
広場の水景施設として、花崗岩平板舗装の上に張られる3mmの水膜は、ヒートアイランド緩和にも貢献する。また、境界を持たない水膜は、通常の歩行も可能となっており、歩行時の暑熱環境の緩和効果も期待できる。

■物件概要(図4-27)
名称：ほたるまち(B街区)
所在地：大阪府大阪市福島区
用途：複合用途(集合住宅・店舗・ホール)
発注者：都市再生機構、朝日放送、
　　　　ビープラネッツ、オリックス不動産
設計者：竹中工務店・三菱地所設計
　　　　石島清志建築設計事務所
ランドスケープデザイン：
　　　　オンサイト計画設計事務所
施工者：竹中工務店
工期：2004年8月〜2008年7月
構造：RC構造、SRC造
階数：地下1階、地上50階(分譲住宅棟)
地下1階、地上50階(賃貸住宅棟)
地下1階、地上14階(ホール棟)

■技術概要(図4-28)
水盤面積：約360m^2(幅30m×長さ12m)
水盤厚さ：3〜5mm
給水時間：11〜18時(夏季)
循環水量：1,260 L/分

■測定概要
　水盤形成による効果に関して、表面熱収支や温熱環境(気温・相対湿度、気流速、快適性など)を、実測により評価した。
　実測期間：2008年7月23〜25日

図4-27　水盤の概観(上)と表面(右)

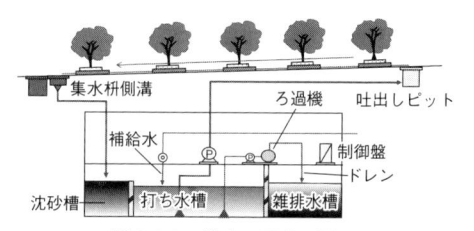

図4-28　散水の配管系統図

4.4 蒸発利用技術の適用事例(散水2)

■主な結果

1) 熱画像撮影装置による測定により、水盤および比較対象舗装面において、両者とも日射が当たる13時では表面温度差が約12℃生じていることが確認できた(図4-29)。
2) 表面温度の経時変化より、水盤形成後、徐々に水盤と比較対象舗装面の表面温度差が生じ、14時には最大約15℃となった。また、流水が停止した18時以降も2～5℃の表面温度差が確認でき、蓄熱低減による効果が現れたと考えられる(図4-30)。
3) 熱収支の解析結果から、比較対象舗装面では顕熱が正味放射量のほとんどを占め大気を温めているのに対し、水盤では水盤形成によって正味放射量のほとんどを潜熱と流水による除去熱量が占めており、顕熱が占める割合が小さく、大気の加熱を抑制できていることがわかった(図4-31)。
4) 水盤における蒸発効率は、給水開始直後は0.1～0.2、その後0.5程度であった。
5) 水盤上では、表面温度が低く維持されることによる赤外放射の低減により、放射環境や温熱快適性が向上していることが確認できた。

[出典]
三坂育正・安藤邦明ほか：水景施設を活用した暑熱環境改善に関する研究(その1～2)，日本建築学会大会学術講演梗概集, pp.885-888，2009年.

図4-29 表面温度の分布。左：給水前(10時50分)、右：給水後(13時)。水盤上の温度低下がわかる。口絵p.6も参照。

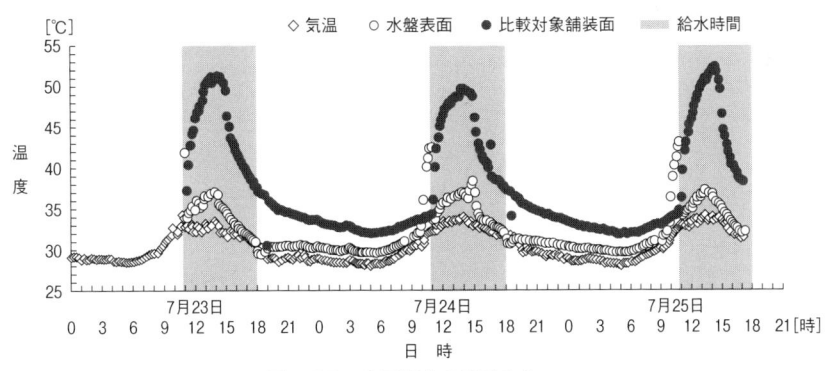

図4-30 表面温度の経時変化

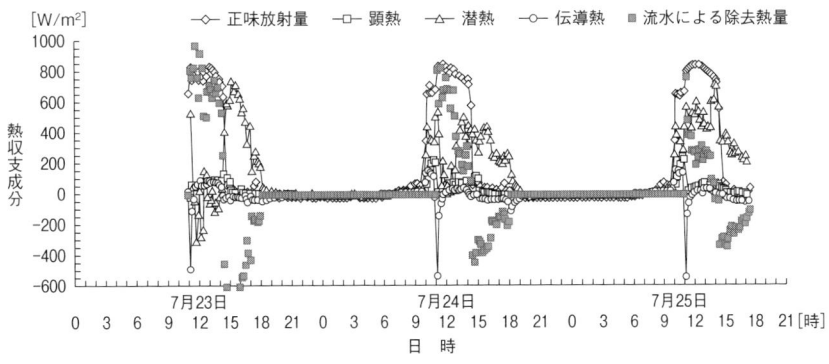

図4-31 水盤表面の熱収支

保水性外壁

パネル外壁（給水型）　雨水利用・太陽光発電・リサイクル材料の総合技術

概要
外壁内部に水分を供給し、壁表面から水分が蒸発する際の気化熱で外壁表面温度を低下させ、暑熱緩和を図る。保水性パネル外壁は、60cm角で厚さ5cmの多孔質パネルを、複数枚組み合わせて構築する。給水方法は、貯留した雨水を太陽光発電による電力を動力源の一部とするポンプで給水する方法である。壁表層の材料には、様々なリサイクル材料を活用できる。

■物件概要（図4-32）
名称：大成建設技術センター本館
所在地：横浜市戸塚区名瀬町344-1
用途：オフィス
設計者：大成建設
施工者：大成建設
構造：RC造（一部S造）
階数：地上4階・地下1階

■技術概要（図4-32、4-33）
面積：約34.5m²（幅7.2m×高さ4.8m）
パネル寸法：0.6m×0.6m×0.05m
パネル表層材：リサイクル材料
給水方法：太陽光発電による電力を動力源の一部に利用した給水方法

■測定概要
保水性パネル外壁の表面温度を、「給水あり」「給水なし」の両方の部分で測定し、比較した。

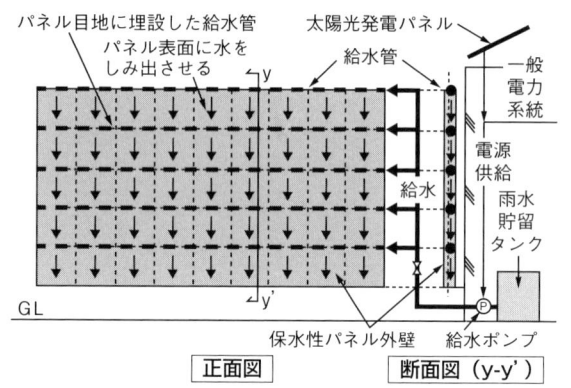

図4-32　保水性パネル外壁の給水方法

■主な結果
熱画像は、夏季の典型的な晴天日に撮影したものである（図4-34）。壁の上部は「給水なし」で、下部は「給水あり」の状態である。壁上部の表面温度は約45℃で、下部は約35℃なので、給水により約10℃低下した。

[出典]
梅田和彦・長瀬公一・森直樹・村田勤・大黒雅之：水分気化熱を利用した屋外暑熱環境緩和技術の検討，大成建設技術センター報，第40号，2007年．

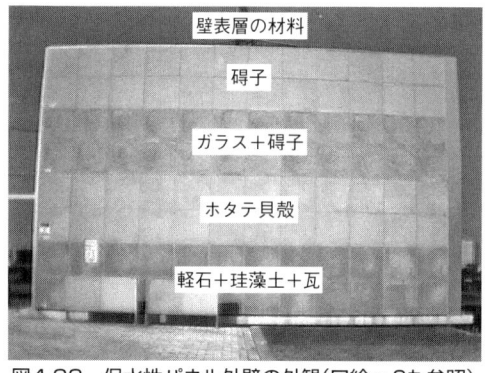

図4-33　保水性パネル外壁の外観（口絵p.6も参照）

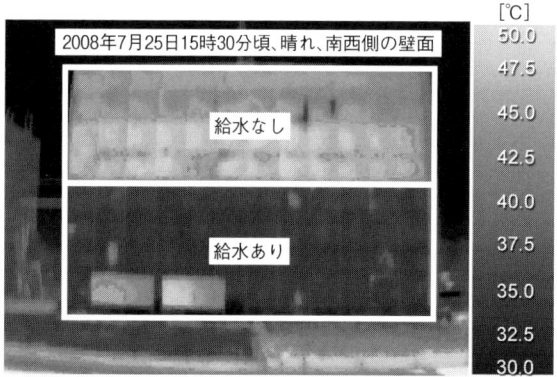

図4-34　保水性パネル外壁の表面温度（口絵p.6も参照）

第5章 クールルーフの性能評価方法

第5章　クールルーフの性能評価方法

本小委員会では、クールルーフの性能評価の簡易評価ツールを公開しています。この章では、それらのツールの背景となっている評価方法の考え方を説明します。そして、次の第6章で紹介される性能評価のための物性値やパラメータが、性能評価においてどのように用いられているか、また、第2～4章で紹介された異なる対象技術の性能をどのように相互に比較して評価したらよいのか、その仕組みについて説明します。

ただし、詳細は日本建築学会の論文[5.1,2)]や専門の教科書などを参照いただくこととし、ここでは性能評価を実施する際に最低限必要となるエッセンスを抽出して説明します。

5.1 パブリックベネフィットの評価方法

パブリックベネフィットとしては、ヒートアイランド緩和効果が主ですが、外部空間の温熱快適性の改善効果も含めて捉えられる場合もあります。前者は気温低下量およびそれに密接に関係する顕熱低下量により、後者はSET*などの温熱環境指標の低下量により表現されます。

国土交通省の支援のもとで開発されたCASBEE（建築環境総合性能評価システム）ファミリーの一つにCASBEE-HIがあり、建築に起因するヒートアイランド現象の緩和策を評価するツールです。この中では前者は環境負荷L、後者は環境品質Qとして扱われています。前者に関係する対策はヒートアイランドの緩和策、後者は適応策と呼ばれる場合もあります。外部空間の温熱快適性には、クールスポット効果なども含まれます。

ここでは、主にヒートアイランド緩和効果の評価方法について、簡易評価ツールの基本となる考え方を説明し、温熱環境指標に関しても併せて紹介します。

5.1.1 評価方法の概要

一般的なヒートアイランド対策技術による屋外熱環境緩和効果の評価フローを図5-1に示します。一般にヒートアイランド対策技術は、①都市被覆の改善、②人工排熱の削減、③都市の風通しの改善に大別され、屋上緑化や高反射率塗料などを用いたクールルーフ化は、①都市被覆の改善に属する技術です。①都市被覆の改善と②人工排熱の削減は、地表付近で発生する顕熱を削減することにより、また、③都市の風通しの改善は地表付近で発生する顕熱を風により拡散させることにより、ヒートアイランド現象（地表付近の高温化）を緩和する技術であると言えます。

地表付近の大気の状態を示す接地層の熱収支は、図5-2に示すモデルにより表現されます。この図で、地表付近で発生する顕熱や人工排熱が小さい場合、および、上空や周辺へ輸送される顕熱が大きい場合に、地表付近の気温が低く保たれます。実際には、ヒートアイランド対策を適用する場所の地理的特徴（海や山に近いか、都心あるいは郊外に位置するかなど）によっても条件が異なるため、最終的には3次元数値モデル（MM5、WRFなどのメソスケールの気象シミュレーションモデルが代表例）を用いて評価することになります。

屋上緑化や高反射率塗料の開発者（保水性舗装、人工排熱削減技術などの開発者も同様）が、自ら

5.1 パブリックベネフィットの評価方法

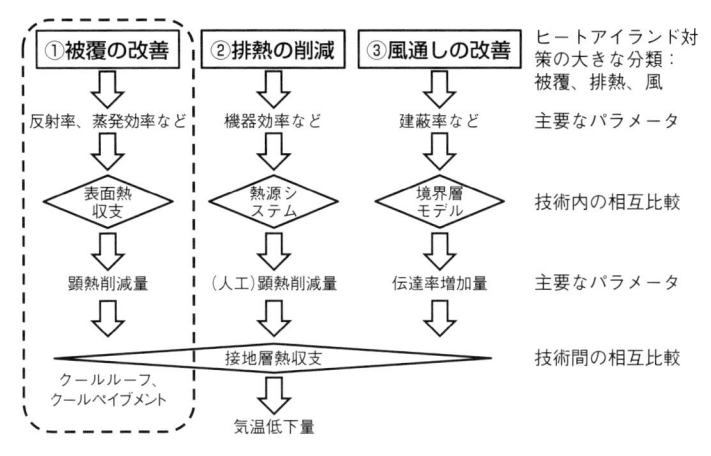

図5-1 ヒートアイランド緩和効果の評価フロー

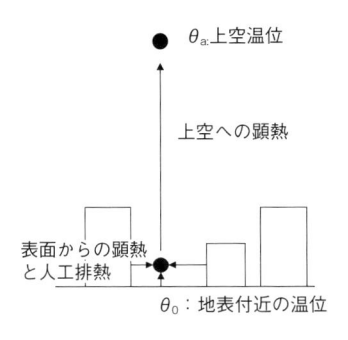

図5-2 接地層の熱収支モデル

の開発した技術を実際の建物や都市に適用した場合のヒートアイランド緩和効果を評価するには、前述した3次元の数値シミュレーションを実施する必要があります。しかし、このような計算には非常に多くの時間と労力を要するため、ここでは簡易な評価方法を紹介します。

5.1.2
表面熱収支モデルによる顕熱と表面温度の簡易評価

建築物の屋根面や壁面、および、道路等の舗装面が日射等のエネルギーを受ける状況は、**表5-1**の表面熱収支モデルの熱収支式で表すことができます。この表面熱収支において重要なパラメータは日射反射率 ρ と蒸発効率 β で、他のパラメータはこれらと比較して影響度合いが小さいことがわかっています。そこで、他のパラメータにはデフォルト値を設定し、日射反射率 ρ と蒸発効率 β を変化させて計算した顕熱と表面温度を**図5-3、5-4** に示します。図には等値線で顕熱と表面温度の計算結果が示されており、横軸の日射反射率 ρ と縦軸の蒸発効率 β を指定すると、顕熱と表面温度を読み取ることができます。

2005年7月18日～9月15日の大阪管区気象台の気象条件で1時間ごとに計算し、**図5-3**は13時、**図5-4**は21時のこの期間を通した平均値を示しています。日本建築学会等で報告されている実際に測定されたアスファルト、コンクリート、高反射率塗料、屋上緑化などの日射反射率 ρ と蒸発効率 β がプロットされています。

日射反射率 ρ あるいは蒸発効率 β が大きくなると顕熱および表面温度が低下し、ヒートアイランド現象の緩和につながります。新たに開発した技術の日射反射率 ρ と蒸発効率 β をこの図にプロットし、コンクリートあるいはアスファルトとの差を求めれば、どの程度のヒートアイランド緩和効果が得られるかが判定されます。

図の下欄に外断熱と示されているのは、建物を外側で断熱し、日射反射率 ρ を変化させた場合の計算結果です。夜間には若干表面温度が低下し、顕熱も減少することが確認されましたが、図に表現される程度の顕著な熱環境緩和効果は確認されませんでした。

図5-4は夜間の熱収支の計算結果ですが、日中と比較すると日射反射率 ρ の変化に伴う顕熱および表面温度の変化が小さいことがわかります。

第5章 クールルーフの性能評価方法

表5-1 表面熱収支モデルの熱収支式

$R = V + lE + A$, $R = (1 - \rho)S\downarrow + L\downarrow - \varepsilon \sigma (Ts + 273.15)^4$,
$V = \alpha(Ts - Ta)$, $lE = l\beta(\alpha/Cp)(Xs - Xa)$, $A = \lambda/\Delta z(Ts - Tz_1)$

R：正味放射量[W/m²]　V：顕熱[W/m²]　lE：潜熱[W/m²]　A：伝導熱[W/m²]
ρ：日射反射率[-]　$S\downarrow$：日射量[W/m²]　$L\downarrow$：赤外放射量[W/m²]　ε：放射率[=1.0]
σ：ステファンボルツマン定数[=5.67×10⁻⁸W/(m²・K⁴)]　α：対流熱伝達率[=4.2v+6.2W/(m²・K)]
v：風速[m/s]　Ts：表面温度[℃]　Ta：気温[℃]　l：蒸発潜熱[=2,512kJ/kg]　β：蒸発効率[-]
Cp：空気の比熱[=1.0kJ/(kg・K)]　Xs：表面の飽和絶対湿度[kg/kg(DA)]　Xa：空気の絶対湿度[kg/kg(DA)]
λ：熱伝導率[W/(m・K)]　Δz：地中第一層目までの距離[m]　Tz_1：地中第一層目の温度[℃]

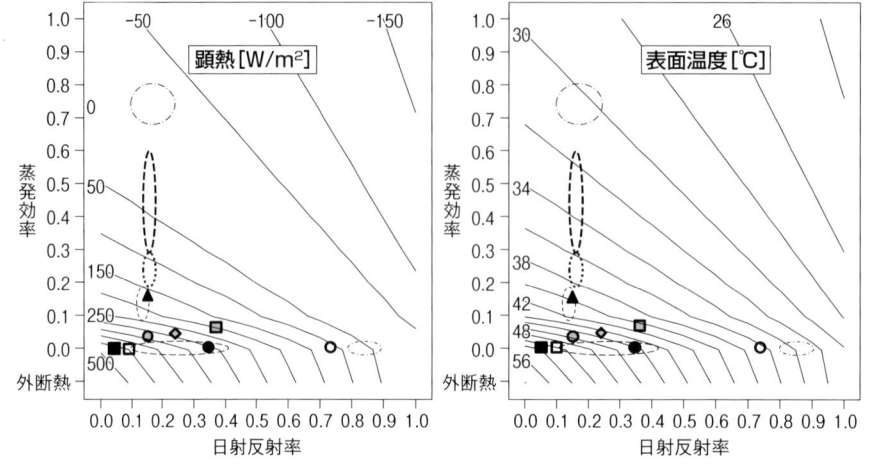

■：アスファルト(0.044,0)　●：コンクリート(0.357,0)　▲：芝(0.15,0.14)　○：高反射率白(0.74,0)
□：保水性アスファルト(0.37,0.084)　◎：保水性コンクリート(0.153,0.029)　◇：保水性ブロック(0.233,0.035)
⬜：アスファルト(吉田ら)　⬡：芝、イワダレソウの散水時(三坂ら)　⋮：芝(三坂ら)　⬠：壁面緑化(萩島ら)
◯：給水型保水性舗装(赤川ら)　◯：白色高反射率塗料(藤本ら)　◯：黒色高反射率塗料(藤本ら)
上2段の括弧内は著者らの測定結果に基づく日射反射率と蒸発効率を示す。下2段の括弧内は参考文献の著者を示す。文献では日射反射率、蒸発効率に幅を持った場合が多く、その範囲を図中に示している。

図5-3 夏季平均13時の顕熱 [W/m²] と表面温度 [℃]

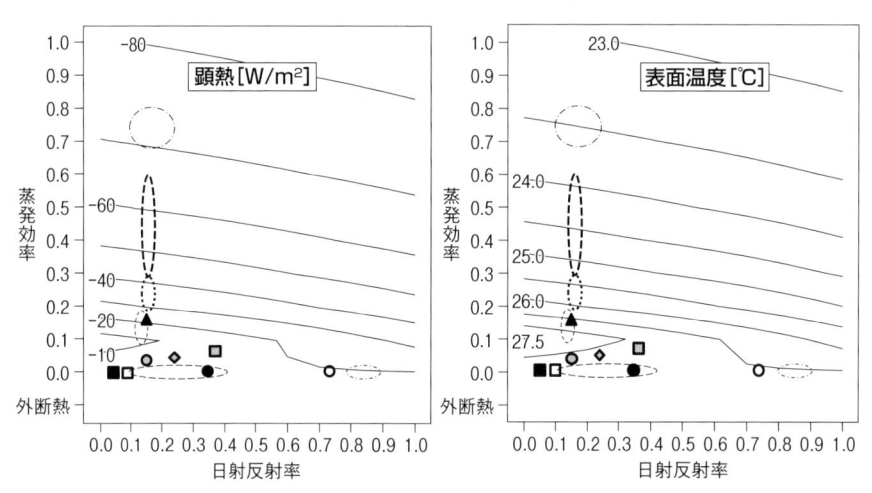

■：アスファルト(0.044,0)　●：コンクリート(0.357,0)　▲：芝(0.15,0.14)　○：高反射率白(0.74,0)
□：保水性アスファルト(0.37,0.084)　◎：保水性コンクリート(0.153,0.029)　◇：保水性ブロック(0.233,0.035)
⬜：アスファルト(吉田ら)　⬡：芝、イワダレソウの散水時(三坂ら)　⋮：芝(三坂ら)　⬠：壁面緑化(萩島ら)
◯：給水型保水性舗装(赤川ら)　◯：白色高反射率塗料(藤本ら)　◯：黒色高反射率塗料(藤本ら)
上2段の括弧内は著者らの測定結果に基づく日射反射率と蒸発効率を示す。下2段の括弧内は参考文献の著者を示す。文献では日射反射率、蒸発効率に幅を持った場合が多く、その範囲を図中に示している。

図5-4 夏季平均21時の顕熱 [W/m²] と表面温度 [℃]

このように、対象とする時刻によりパラメータの感度が異なるため、対象とする時間帯を決めて評価する必要があります。

5.1.3
ヒートアイランド緩和効果、外部空間の温熱快適性の簡易評価

表面熱収支の検討により、顕熱と表面温度を評価することができます。しかし、より一般的でわかりやすい説明のためには、都市空間の気温や体感温度の評価に結び付ける必要があります。この評価をより正確に実施しようとすれば3次元の数値モデル（メソスケールモデル）による気温や風分布の予測が必要となります。しかし、これらの計算には多くの時間と労力を要するため、ここではある程度大胆な仮定を導入し、簡易にヒートアイランド緩和効果を評価する方法を紹介します。

一般的なメソスケールの気象シミュレーションモデルの構成イメージを図5-5に示します。計算の流れは以下の通りです。

① 日射を受けて地表付近で発生する顕熱（表5-1参照）と空調機や自動車などから排出される人工排熱が算定され、1次元接地境界層モデル（図5-2参照）に入力されます。

② 接地境界層モデルにより上空への顕熱が算定され、上部の3次元流体力学モデルに入力されます。

③ 3次元流体力学モデルにより上空風の流れが計算され、熱が拡散します。

以上の計算により上空温度や風速などが得られ、次の時刻の①、②、③が繰り返されます。ここで、地表付近の気温は、①、②の段階で計算されていますが、③の3次元流体力学モデルの計算が行われないと、②の1次元接地境界層モデルの計算に必要な上空の境界条件が設定できません。しかし、③で計算される上空の境界条件を直接測定することができれば、3次元流体力学モデルの計算を省略することができます。そこで、図5-5に示すように鉄塔に測定機器を設置し、上空気象条件の測定を実施しました。

図5-3の顕熱の算出結果を用い、コンクリート屋根を高反射率化あるいは屋上緑化とした場合の気温低下量を算定しました（図5-6）。ただし、都市の60％が建物で覆われ、その建物の屋根がコンクリートで構成されているとし、すべてのコンクリートを高反射率化あるいは屋上緑化にすると想定しています。高反射率化にすると顕熱が200W/m^{2}程度削減され、気温は1.8℃程度低下しています。屋上緑化にすると顕熱が150W/m^{2}程度削減され、気温は1℃程度低下しています。

アスファルト舗装を高反射率舗装あるいは緑化した場合の、体感熱指標であるSET*（新標準有効温度）の低下量の算定結果を図5-7に示します。気温35℃、湿度50％、風速0.4m/s、着衣量0.6clo、代謝量1.4met、人体の日射反射率0.3、放射率0.95とし、足元の表面温度が図5-7左図の矢印のように変化した場合を想定して算定した結果です。高反射率舗装に変更した際には足元からの反射日射量が増加するため、放射温度が上昇

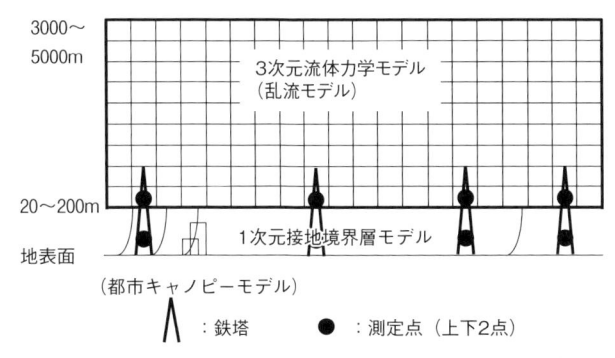

図5-5　一般的なメソスケールの気象シミュレーションモデルの構成イメージと鉄塔での観測の様子

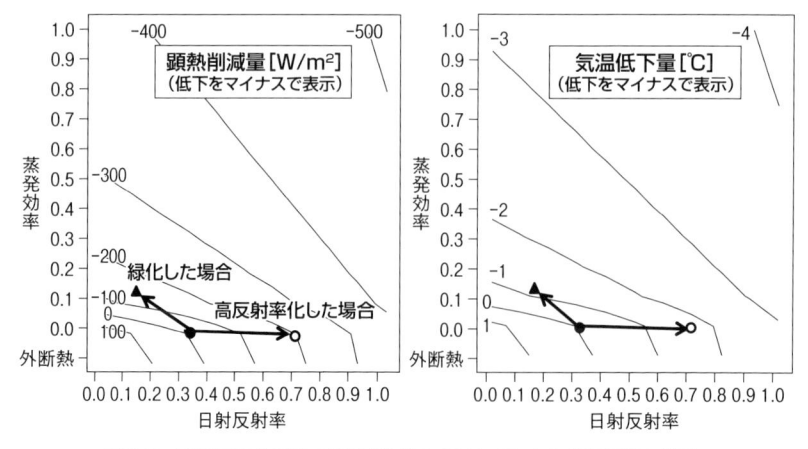

図5-6 夏季平均13時の顕熱削減量 [W/m²] と気温低下量 [℃]

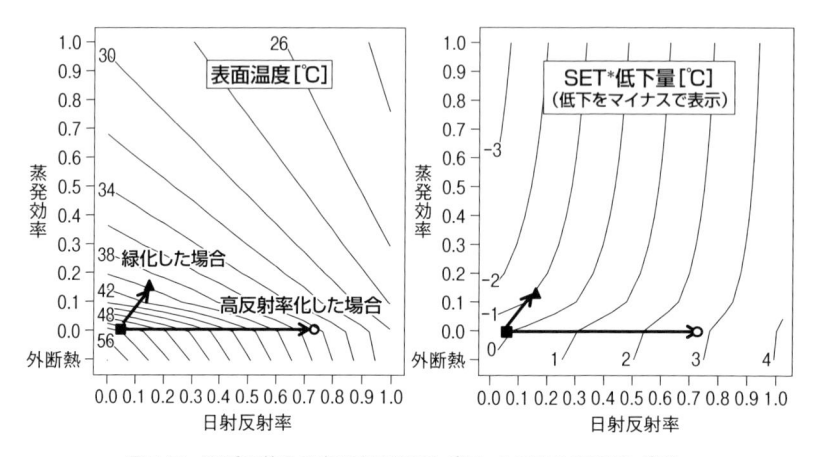

図5-7 夏季平均13時の表面温度 [℃] とSET*低下量 [℃]

し、SET*も上昇しています。ただし、同じ環境条件において人体の日射反射率を0.3から0.6に変更すると、SET*は4℃程度低下します。したがって、この程度の差は衣服の色を明るくし、日射反射率を高くすれば調整可能であると言えます。

5.1.4
測定によるヒートアイランド緩和効果、外部空間の温熱快適性の評価

測定によりヒートアイランド緩和効果を評価するには、気温低下量を明らかにする必要があります。しかし、対策技術が限られた面積に導入された場合の気温低下量の検出は困難です。したがって、コンクリート面やアスファルト面を基準とした顕熱削減効果を測定することが想定されます。

顕熱の測定には、超音波風速計を用いて渦(乱流)によって輸送される顕熱を直接的に測定する渦相関法や、バルク係数を用いた経験式により求めるバルク法などがありますが、これらの方法は比較的広い面を対象としており、適用の限界があります。その場合には、表面温度を測定し気温との差に対流熱伝達率をかけて顕熱を算出します。表面温度は熱画像撮影装置や熱電対などにより測定し、対流熱伝達率はSAT計(6.2.3(3)参照)を用いて測定するか、風速の関数として算出します。

$$V = \alpha(T_s - T_a)$$

V：顕熱[W/m²]
α：対流熱伝達率[W/(m²・K)]
T_s：表面温度[℃]
T_a：気温[℃]

5.1 パブリックベネフィットの評価方法

なお、屋根、壁、道路などの表面の熱収支は以下の式で表されますので、正味放射量 R、潜熱 lE、伝導熱 A がわかれば、その残差より顕熱 V を算出することが可能です。これらの熱量を測定する方法、および、正味放射量 R と密接に関係する日射反射率、放射率の測定方法、潜熱 lE と密接に関係する蒸発散特性値の測定方法、伝導熱と密接に関係する熱物性値の測定方法、については、第6章において詳細に説明されます。

$$R = V + lE + A$$
R：正味放射量[W/m²]
lE：潜熱[W/m²]
A：伝導熱[W/m²]

外部空間の温熱快適性を評価するには、人体周辺の気温、湿度、風速、放射温度を測定するとともに、代謝量と着衣量を把握する必要があります。気温、湿度は温湿度計、風速は風速計により測定されます。放射温度は、黒球温度計による黒球温度の測定結果、または、放射熱、気温、風速の影響を考慮した平均放射温度（MRT）により評価されます（**図5-8、5-9**）。放射熱には、一般的に、日射、大気から放出される赤外放射、路面・壁面で反射した日射、日射が当たることで表面が高温化した路面・壁面から放出される赤外放射が含まれます。日射の影響まで反映させるには長短波の放射収支量の測定結果を考慮する必要があります。

$$MRT = Tg + 2.37U^{0.5}(Tg - Ta)$$
MRT：平均放射温度[℃]
Tg：黒球温度[℃]
U：風速[m/s]
Ta：気温[℃]

また、熱中症の危険度評価などには、周囲からの放射と湿度の影響を考慮した温熱快適性指標として、湿球黒球温度（WBGT）が用いられる場合があります。湿球温度は温度計の球部を濡れたガーゼで覆った状態での測定結果です。なお、WBGTの詳細は、第1章1.3ⓐを参照してください。

最近では、SET*が屋外の温熱快適性指標として用いられることが多く、CASBEEにおいても、SET*が敷地内の屋外環境の評価指標として用いられています。SET*と快適感には**表5-2**の関係が確認されています[5-3]。ただし、日射の影響など不均一な放射環境下での適用に課題が残っています。SET*の詳細は、第1章1.3ⓓを参照してください。

図5-8　温熱快適性の評価の例

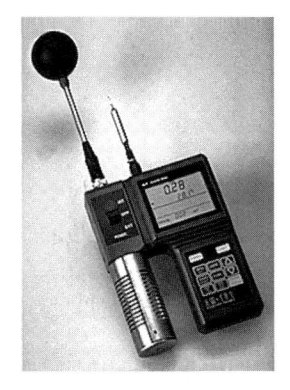

図5-9　温熱4要素が測定できる測定器の例
（京都電子工業AM-101）

表5-2　SET*と快適感の関係

SET*	〜27℃	27〜28.4℃	28.4〜30.8℃	30.8〜32.1℃	32.1〜33.3℃
快適感	快適	やや快適	どちらでもない	不快	非常に不快

5.2 プライベートベネフィットの評価方法

建物の屋根・屋上の高反射率化によるプライベートベネフィットとして、冷房負荷の軽減や自然室温の低下が期待できますが、一方で冬期の暖房負荷の増加が懸念され、年間のエネルギー消費が増加する場合があります。したがって、地域の気候や建物用途等に応じた適正な普及が重要です。

冷暖房エネルギー消費量は、熱負荷計算ソフトにより算出することが一般的ですが、条件を適切に入力し、計算する事は一般の人には困難です。そこで、屋根の日射反射率の影響を組み込んだ熱負荷の重回帰式を導出し、簡易に建物の屋根・屋上の高反射率化の有効性を確かめることができる「プライベートベネフィットの簡易評価ツール」を紹介します[5-2]。

なお、緑化や保水性建材などに対するプライベートベネフィットの簡易評価ツールについては公表できるものはありません。

5.2.1 戸建住宅におけるプライベートベネフィットの簡易評価ツール

戸建住宅の建築学会標準問題モデルを図5-10に示します。このようなモデル戸建住宅を対象に、種々の条件で熱負荷計算を行い、簡易評価ツールを作成し、http://news-sv.aij.or.jp/kankyo/s22/で公開しています。

このツールの利用者は、検討したい戸建住宅の条件をまず想定します。検討対象とする戸建住宅は、どの地域にあるのか？ どの程度の断熱性能なのか(築年数などで断熱性能は予想可能)？、設定室温・空調運転時間は（節約型か浪費型か）？……などをイメージします。また、現状の屋根の日射反射率(色)はどの程度で、塗り替え後の屋根の日射反射率(色)はどうするかを考えます。すなわち、表5-3に示す選択肢のうち、想定したものと近い条件を選んでいきます。

以下、評価ツールの具体的な使用法を説明しま

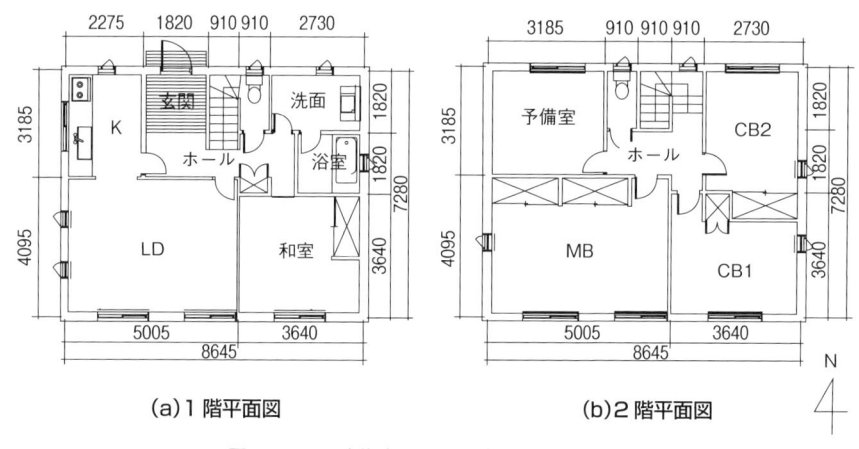

図5-10 戸建住宅の建築学会標準問題モデル

5.2 プライベートベネフィットの評価方法

表5-3 選択項目と選択肢

選択項目		選択肢
都道府県		全国都道府県 （選択された都道府県によって市町村区の選択肢が変化）
地域区分（市町村区）		選択された都道府県の市町村区 （市町村区から地域区分を判別）
代表都市		I 地域：1. 札幌、2. 旭川、3. 盛岡 II 地域：1. 盛岡、2. 札幌、3. 仙台 III 地域：1. 仙台、2. 盛岡、3. 東京 IV 地域：1. 東京、2. 仙台、3. 広島 V 地域：1. 鹿児島、2. 広島、3. 福岡 VI 地域：1. 那覇、2. 奄美、3. 石垣島
竣工年		1. ～1980年（無断熱）、 2. 1981年～1993年（旧省エネ基準） 3. 1994年～2000年（新省エネ基準） 4. 2001年～（次世代省エネ基準）
空調室温（設定温度）暖房	I 地域	1. 18℃（節約型）、2. 22℃（標準型）、3. 26℃（浪費型）
	II～VI 地域	1. 14℃（節約型）、2. 18℃（標準型）、3. 22℃（浪費型）
空調室温（設定温度）冷房		1. 28℃（節約型）、2. 26℃（標準型）、3. 24℃（浪費型）
空調時間（使用時間）暖房	I 地域	1. 31h（節約型）、2. 49h（標準型）、 3. 72h（浪費型(1)）、4. 84h（浪費型(2)）
	II～VI 地域	1. 8h（節約型）、2. 16h（標準型）、 3. 25h（浪費型(1)）、4. 40h（浪費型(2)）
空調時間（使用時間）冷房		1. 6h（節約型）、2. 11h（標準型）、 3. 17h（浪費型(1)）、4. 33h（浪費型(2)）
暖房使用熱源（機器）		1. 電気（エアコン等）、2. 都市ガス（ファンヒーター等）、 3. 灯油（石油ストーブ等）
塗り替え前の屋根の色 ※（ ）内は日射吸収率		1. 黒（0.95）、2. 茶・薄い灰色（0.90）、3. 緑・赤茶色（0.90）、 4. 明るい緑・青色（0.85）、5. 明るい赤・黄色（0.80）、6. 白（0.30）
塗り替え後の屋根の色 ※（ ）内は日射吸収率		1. 黒（0.80）、2. 茶・薄い灰色（0.65）、3. 緑・赤茶色（0.60）、 4. 明るい緑・青色（0.65）、5. 明るい赤・黄色（0.60）、6. 白（0.20）
電気事業者 ※（ ）内の数字は CO_2 排出係数、単位：$t\text{-}CO_2/kWh$ CO_2 排出係数は、2006年度の電気事業者別排出係数の値を参考に算出。[5.4]		1. 北海道電力（0.000479）、2. 東北電力（0.000441）、 3. 東京電力（0.000339）、4. 中部電力（0.000481）、 5. 北陸電力（0.000457）、6. 関西電力（0.000338）、 7. 四国電力（0.000368）、8. 九州電力（0.000375）、 9. イーレックス（0.000429）、10. エネサーブ（0.000423）、 11. エネット（0.000441）、12. GTFグリーンパワー（0.000289）、 13. ダイヤモンドパワー（0.000432）、 14. ファーストエスコ（0.000292）、 15. 丸紅（0.000507）、16. 不明（デフォルト値）（0.000555）

す。評価ツールの入出力画面は「表紙」、「はじめに」、「各種条件選択」、「計算結果」、「各項目詳細説明」で構成されています。

(a)「表紙」、「はじめに」画面

表紙から「START」ボタンをクリックすると「はじめに」という画面が表示されます。ここでは、この簡易評価ツールを構築する目的、評価システムの使用方法、クールルーフのメリットです。ヒートアイランド緩和効果と冷房負荷削減効果、クールルーフのデメリットなどを簡単に説明しています。

(b) 各種条件選択画面

各種条件選択画面（図5-11）で、表5-3に示す選択項目を実際に選択します。それぞれの項目について当てはまるもの、もしくは近いものを選択し、「計算へ」というボタンをクリックすることで、年間熱負荷等が計算されます。

(c) 計算結果表示画面（図5-12）

(b) において選択された条件での計算結果をこの画面で示します。年間熱負荷削減量、年間節約電気料金、自然室温変化、年間 CO_2 削減量が表示され、高反射率化によるメリットとデメリットが理解できるようになっています。

(d) 各項目詳細説明画面

この画面では計算された項目について、計算条件や住宅モデル等について説明をしています。

第5章 クールルーフの性能評価方法

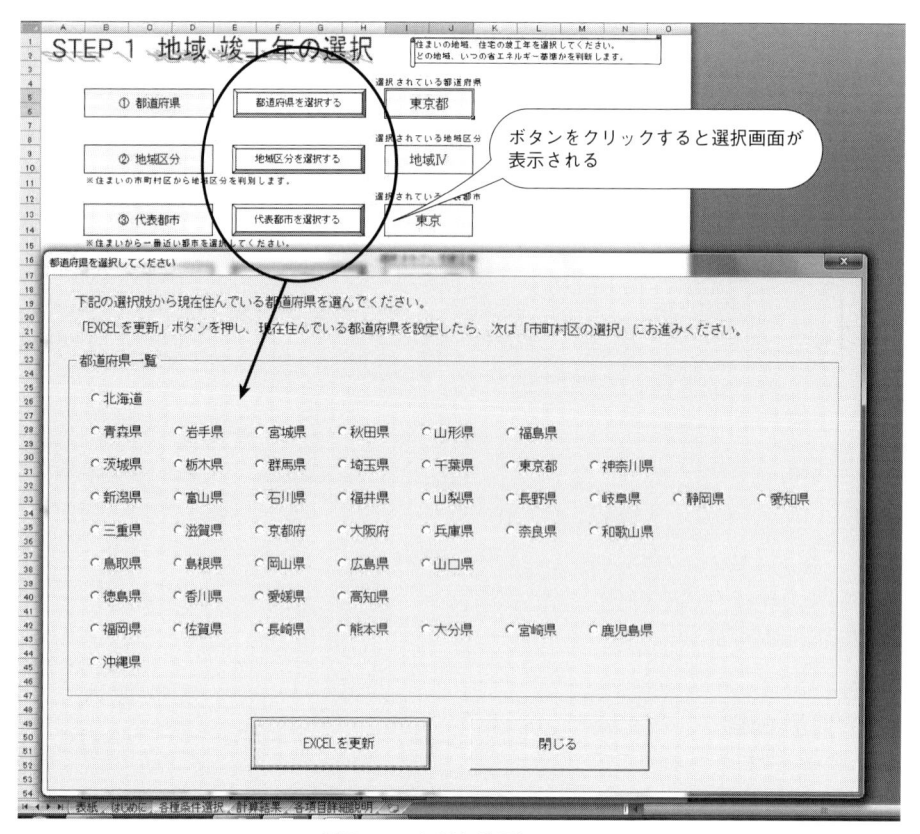

図5-11 各種条件選択画面

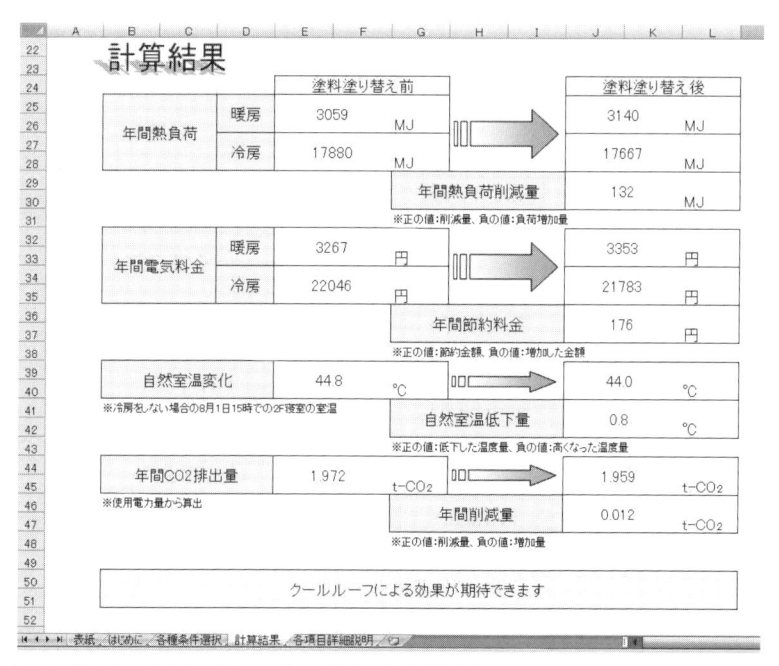

図5-12 戸建住宅に対する評価ツールの計算結果表示画面
　各項目について、塗り替え前後の値とこれらの差が表示され、クールルーフの効果が簡易に確認できる。

表5-4 住宅を対象とした高反射率化の効果の試算例（地域Ⅳ（東京））

省エネルギー基準		空調室温・時間	年間熱負荷 [MJ/年]			黒色の屋根に青色の高反射率塗料を塗布			黒色の屋根に白色の高反射率塗料を塗布		
			A. 日射吸収率：0.95	B1. 日射吸収率：0.65	B2. 日射吸収率：0.20	A-B1	コスト換算（熱源：電気）[円/年]	節約金額[円/年]	A-B2	コスト換算（熱源：電気）[円/年]	節約金額[円/年]
次世代省エネ基準	暖房	標準型	3,059	3,211	3,140	-152	-162	-55	-81	-86	177
	冷房		17,880	17,794	17,667	86	107		213	263	
新省エネ基準	暖房	暖房：18℃ 冷房：26℃ 暖房：16h 冷房：11h	4,335	4,511	4,476	-176	-188	-44	-141	-151	205
	冷房		17,990	17,873	17,701	117	144		289	356	
旧省エネ基準	暖房		9,558	9,833	9,948	-275	-293	7	-390	-416	324
	冷房		18,440	18,197	17,840	243	300		600	740	
無断熱	暖房		19,286	19,745	20,139	-459	-490	98	-853	-910	544
	冷房		19,277	18,800	18,098	477	588		1179	1454	

　簡易評価ツールを用いて算定した高反射率化の効果の例を表5-4に示します。これを見ると、断熱性能が高い場合、日射熱の吸収量が大きくても室内への熱流は小さいため、高反射率化による冷房負荷削減効果は小さくなっています。節約金額を見ると、最大で年間544円と比較的小さく、戸建住宅の場合は高反射率化する経済的メリットより、最上階の夏期温熱環境改善のメリットが大きいと言えます。

　また、日射吸収率0.65と0.20を比較した際、日射吸収率が下がると暖房負荷が下がる箇所が見られます。日射熱取得が少なくなり暖房負荷が下がることは考えられません。これは、各説明変数の線形関数で表した重回帰式の精度に起因する矛盾です。評価ツール上では日射吸収率が下がった時、暖房負荷が下がる場合、日射吸収率が下がる前の暖房負荷と同値としています。

5.2.2
体育館におけるプライベートベネフィットの簡易評価ツール

　住宅に比べ屋根面積が広く、高反射率化の効果が大きいと考えられる体育館を対象とした簡易評価ツールを紹介します。表5-5に体育館モデルの寸法などを、表5-6に説明変数を示します。また、体育館モデルで想定した外壁・床構造を図5-13に示します。

表5-5 体育館モデルの寸法および各外皮面の面積

奥行き	34.7 m	床面積	838.5 m²
幅	24.2 m	東面窓面積	110.8 m²
高さ	12.5 m	西面窓面積	110.8 m²
南北面面積	301.3 m²	南面窓面積	39.6 m²
東西面面積	431.4 m²	北面窓面積	102.5 m²

表5-6 説明変数とシミュレーション条件（体育館）

説明変数		シミュレーション条件
A. デグリーデー[*)][℃日]	暖房	1. 札幌：3,587、2. 旭川：4,275、3. 盛岡：3,234、4. 仙台：2,561、5. 東京：1,592、6. 広島：1,701、7. 鹿児島：1,163、8. 福岡：1,481、9. 那覇：125、10. 奄美：197、11. 石垣島：78
	冷房	1. 札幌：7、2. 旭川：22、3. 盛岡：25、4. 仙台：49、5. 東京：214、6. 広島：227、7. 鹿児島：328、8. 福岡：256、9. 那覇：515、10. 奄美：442、11. 石垣島：685
B. 熱損失係数		1. 無断熱型、2. 吸音型、3. 断熱型、4. 省エネルギー型
C. 設定室温[℃]	暖房	1. 節約型14℃、2. 標準型18℃、3. 浪費型22℃
	冷房	1. 節約型24℃、2. 標準型26℃、3. 浪費型28℃

*）「暖房デグリーデー」とは、日平均外気温度が暖房時の設定温度（例えば18℃）を下回った日について、その差を年間にわたって集計したものである。「冷房デグリーデー」とは、日平均外気温度が冷房時の設定温度（例えば26℃）を上回った日について、その差を年間にわたって集計したものである。

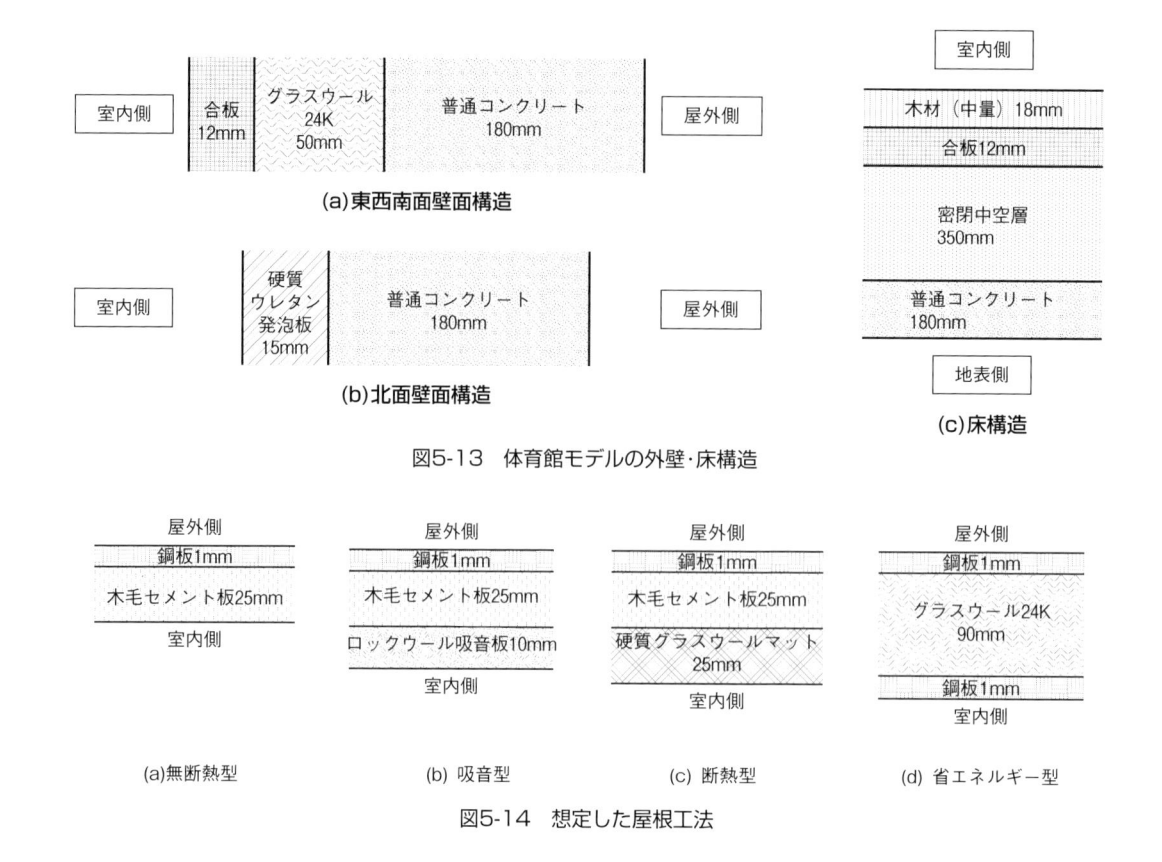

第5章 クールルーフの性能評価方法

図5-13 体育館モデルの外壁・床構造

(a)東西南面壁面構造
(b)北面壁面構造
(c)床構造

図5-14 想定した屋根工法

(a)無断熱型　(b) 吸音型　(c) 断熱型　(d) 省エネルギー型

　また、体育館の屋根の断熱レベルの多様性を考慮して、図5-14に示す4種類の屋根工法を選択できるようにしています。なお、同様な断熱性能や熱容量を持つ「工場」や「倉庫」についても、体育館モデルを用いて概ね検討が可能であると考えています。

　評価システムの入出力画面は「表紙」、「はじめに」、「各種条件選択」、「計算結果 空調有り」、「計算結果 空調無し」「各項目詳細説明」で構成されています。

(a)「表紙」、「はじめに」画面
　住宅を対象とした評価システムと同様です。

(b) 各種条件選択画面
　各種条件選択画面では、表5-3に示した項目を実際に選択します。体育館の場合は、最初の選択肢です。「空調有り」か「空調無し」の選択結果によって計算結果の表示項目が変わります。

(c) 計算結果表示画面：空調有り
　「空調有り」を選択した場合、年間熱負荷削減量、年間節約電気料金、年間CO_2削減量が表示され、高反射率化によるメリットとデメリットが理解できます。

(d) 計算結果表示画面：年間熱負荷・年間電気料金など(図5-15)
　空調を行った場合の年間熱負荷・年間電気料金・年間CO_2排出量などが表示されます。

(e) 計算結果表示画面：自然室温・作用温度・顕熱(図5-16)
　「空調無し」を選択した場合には、塗り替え前後でどの程度自然室温、作用温度が変化するかを数値とグラフで確認できます。また、「空調有り」、「空調無し」共通で、塗り替え前後でどの程度顕熱が変化するかを数値とグラフで確認できます。

(f) 各項目詳細説明画面
　各計算項目における計算条件や体育館モデル等について説明しています。

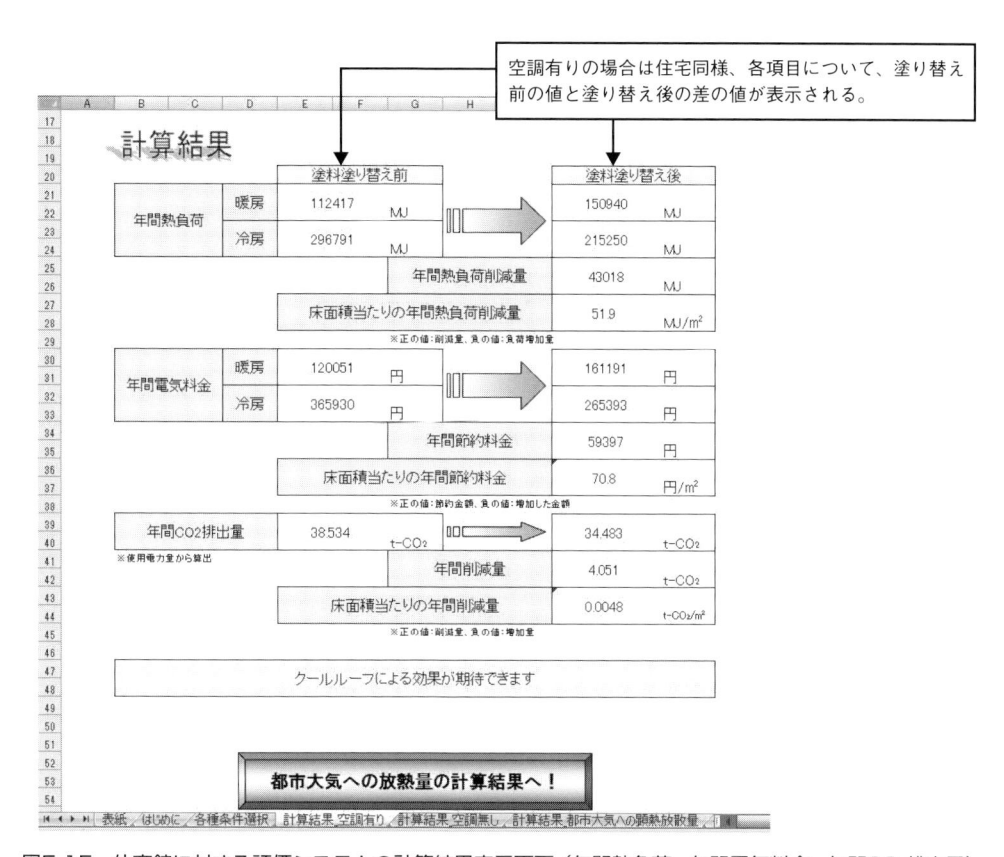

5.2 プライベートベネフィットの評価方法

図5-15 体育館に対する評価システムの計算結果表示画面（年間熱負荷、年間電気料金、年間CO_2排出量）

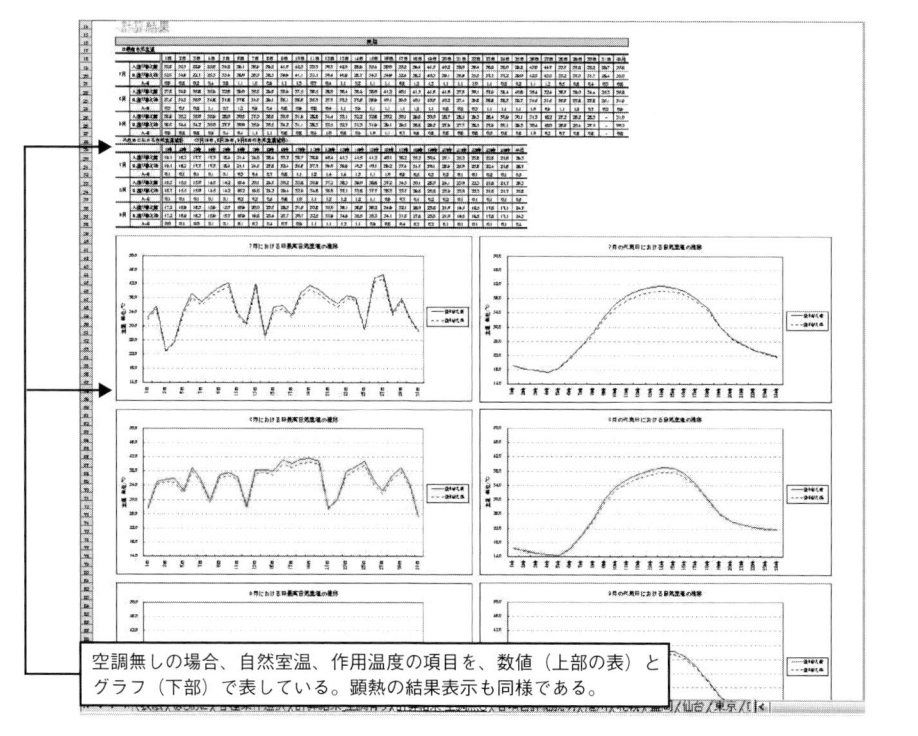

図5-16 体育館に対する評価システムの計算結果表示画面（自然室温、作用温度、顕熱）

第5章 クールルーフの性能評価方法

簡易評価ツールの適用例を表5-7に示します。これを見ると、断熱性能が低い場合、高反射率化による冷房負荷削減効果は大きいと言えます。節約金額を見ると、最大で年間59,397円と、戸建住宅に比べ屋根面積が広いため、高反射率化による経済的メリットが大きくなります。

表5-7 体育館を対象とした高反射率化の効果の試算例（地域：東京）

屋根工法		空調室温	年間熱負荷 [MJ/年]			黒色の屋根に青色の高反射率塗料を塗布			黒色の屋根に白色の高反射率塗料を塗布		
			A. 日射吸収率：0.95	B1. 日射吸収率：0.65	B2. 日射吸収率：0.20	A-B1	コスト換算（熱源：電気）[円/年]	節約金額[円/年]	A-B2	コスト換算（熱源：電気）[円/年]	節約金額[円/年]
省エネルギー型	暖房	標準型 暖房：18℃ 冷房：26℃	74,491	74,834	75,742	-343	-336	4,264	-1,251	-1,335	10,280
	冷房		205,505	201,749	196,084	3,756	4,631		9,421	11,616	
断熱型	暖房		80,697	83,344	88,047	-2,647	-2,827	7,676	-7,350	-7,849	18,317
	冷房		220,443	211,924	199,220	8,519	10,504		21,223	26,167	
吸音型	暖房		97,108	105,849	120,587	-8,741	-9,334	16,699	-23,479	-25,074	39,572
	冷房		259,945	238,831	207,541	21,114	26,033		52,431	64,645	
無断熱型	暖房		112,417	126,840	150,940	-14,423	-15,403	25,115	-38,523	-41,140	59,397
	冷房		96,791	263,928	215,250	32,863	40,518		81,541	100,537	

5.2.3
実測によるプライベートベネフィットの評価

夏期の室内環境改善効果は、室温・天井面温度・黒球温度（グローブ温度）などを測定し、測定結果からPMV、WBGT、SET*等の温冷感指標を算出することにより評価できます。測定器の例は図5-8、5-9を参照下さい。特に、天井面（屋根面）の温度の低下を評価したい場合には、放射熱の効果を加味した温冷感指標を用いることが望ましいです。放射熱を加味した温度として、簡便に測定できる黒球温度で評価することが多く、黒球温度の測定結果と空気温、風速から平均放射温度（MRT）を求めることができます。

省エネルギー効果は、電力量計などにより測定することができます。ただし、測定した年によって気象状況が異なるため、気象による影響を含んだ測定結果となることに注意が必要です。

[引用文献]

5-1) 竹林英樹・近藤靖史・クールルーフ適性利用WG：クールルーフの適正な普及のための簡易評価システムの検討（その2）パブリックベネフィット評価ツールの開発, 本建築学会技術報告集, 第33号, pp.589-594, 2010年.
5-2) 有働邦広・近藤靖史・武田仁：クールルーフの適正な普及のための簡易評価システムの検討, 日本建築学会技術報告集, 第31号, pp.849-854, 2009年.
5-3) 石井昭夫・片山忠久・塩月義隆・吉水久雅・阿部嘉孝：屋外気候環境における快適感に関する実験的研究, 日本建築学会計画系論文集, 第386号, pp.28-37, 1988年.
5-4) 環境省：報道発表資料, 2007年9月27日.

第6章 性能評価のための物性値、パラメータの測定方法

第6章 性能評価のための物性値、パラメータの測定方法

前章において、クールルーフの性能を簡易に評価する方法を説明しました。本章では、性能評価の際に必要とされる物性値やパラメータを、測定等により評価する方法について説明します。ここで紹介する測定方法は、日射反射率などのようにJIS等で規定されているものもありますが、学会等で検討中のものも多く含まれます。現状で比較的容易に利用できる方法を取り上げて紹介します。

なお、例えば日射反射率は、高反射率化技術だけでなく緑化技術や蒸発利用技術の性能を評価する際にも必要となります。測定方法は概ね同じですが、ガイドブックとして項目別に読まれる場合を想定し、各技術の性能評価に必要な物性値やパラメータは、それぞれの説明の中に記載することにしました。全体を通して読まれる人には重複した内容となりますが、ご容赦ください。

6.1 高反射率化技術に関する測定方法

6.1.1 日射反射率の測定方法

実験室や試験機関での日射反射率を評価するには、「JIS K 5602 塗膜の日射反射率の求め方」に示される方法で、分光光度計を用いて、試験片を測定する方法があります。

この他に現場での日射反射率の評価法として、次の方法があります。

(1) 日射計を用いて測定する方法 [6-1]

①測定原理

日射計を用いて、全天日射量 I_o、反射日射量 I_R を測定すれば、日射反射率 $R = I_R / I_o$ より計算できます。

しかし、対象とする面が非常に大きく、形態係数≒1とみなせる場合以外は、対象面以外の反射日射の影響が含まれるので誤差要因となります。そこで、二点校正法が提案されています。

これは、JIS K 5602 を用いて日射反射率を評価した白、黒の塗装板を準備し、対象面および塗装板を設置して測定した日射反射率（以下、日射反射率（測定値）という）を求め、周囲環境からの反射日射の影響を除外し、対象面のみの日射反射率（以下、日射反射率（性能値）という）を推定する方法です。

今、図 6-1 のようなモデルを考えると、反射日射量 I_R および日射反射率（測定値）R は次式で与えられます。

$$I_R = \phi_A \cdot \rho_A \cdot I_o + \phi_B \cdot \rho_B \cdot I_o$$

$$R = \frac{I_R}{I_o} = \phi_A \cdot \rho_A + \phi_B \cdot \rho_B \quad \cdots(6.1)$$

ρ_A、ρ_B：面A、面Bの日射反射率（性能値）[−]、
ϕ_A、ϕ_B：日射計に対する面A、面Bの形態係数 [−]

ここで、日射反射率（性能値）が既知である、白および黒の塗装板をA面に置いて、日射反射率（測定値）を求めることを考えます。このとき、それぞれの日射反射率（測定値）R_w、R_b は、

$$R_w = \phi_A \cdot \rho_w + \phi_B \cdot \rho_B \quad \cdots(6.2)$$

$$R_b = \phi_A \cdot \rho_b + \phi_B \cdot \rho_B \quad \cdots(6.3)$$

ρ_w、ρ_b：白、黒の日射反射率（性能値）

式 (6.1) から (6.3) より、対象面の日射反射率

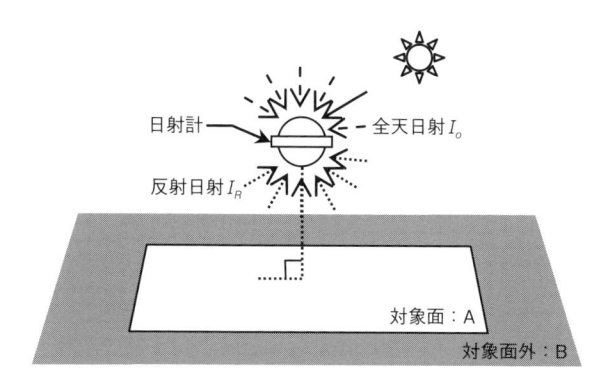

6.1 高反射率化技術に関する測定方法

図6-1 測定対象の模式図

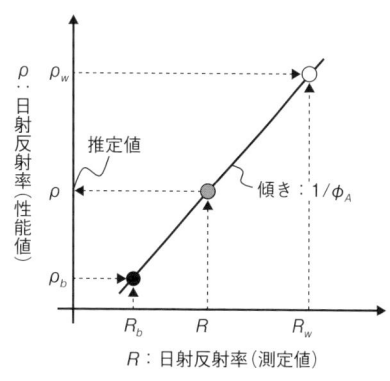

図6-2 二点校正法の概念

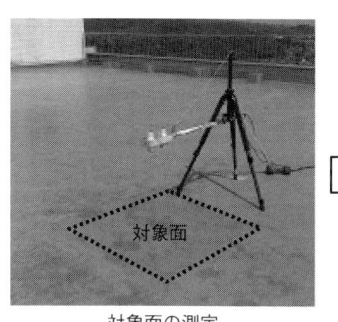

図6-3 二点校正法の測定手順の例

(性能値)は、

$$\rho_A = \frac{(\rho_w - \rho_b)}{R_w - R_b} R + \frac{(R_w \rho_b - R_b \rho_w)}{R_w - R_b} \quad \cdots (6.4)$$

と計算できます。この式は、**図6-2**のようにR_w、R_b、ρ_w、ρ_bを用いて校正線を定め、対象面の日射反射率(測定値)Rと校正線の交点を求め、この点の日射反射率(性能値)ρを推定値とすることを表しています。具体的には、**図6-3**に示すように、対象面、白および黒の塗装板を設置した測定を連続して行い、得られた日射反射率(測定値)と塗装板の日射反射率(性能値)を用いて、式(6.4)より対象面の日射反射率(性能値)を推定します。

二点校正法では、対象面が完全拡散面であることと、一連の測定で日射の分光分布に大きな変化がないことを仮定しています。

②測定方法と測定例

白および黒の塗装板は、あらかじめ実験室にて日射反射率(性能値)を測定しておきます。板のサイズは1m×1m以上のものを推奨します。日射計は**図6-3**のように、全天日射と反射日射を測定できるように上と下に向けて設置します。反射日射を測定する日射計は、測定対象面から50cm程度上方に設置します。日射計が低すぎるとそれ自体の影が影響しますし、高すぎると測定値に占める周辺環境の影響が大きくなり、二点校正法の推定精度に影響しますので注意してください。

測定は雲の少ない晴天日に行い、太陽高度が35度以上の条件を推奨します[6-2]。データ記録間隔は日射計の応答時間以上とし、対象面、白および黒塗装板を各10分程度測定します。

測定結果の例[6-2]を**図6-4**に示します。この測定結果は、対象面の代わりに白および黒塗装板と同サイズの一般塗料グレーと高反射率塗料黒を使用したものです。快晴日には全天日射に変動がなく、日射反射率(測定値)も安定した値となります。このようにして得られたデータの平均値を求め、

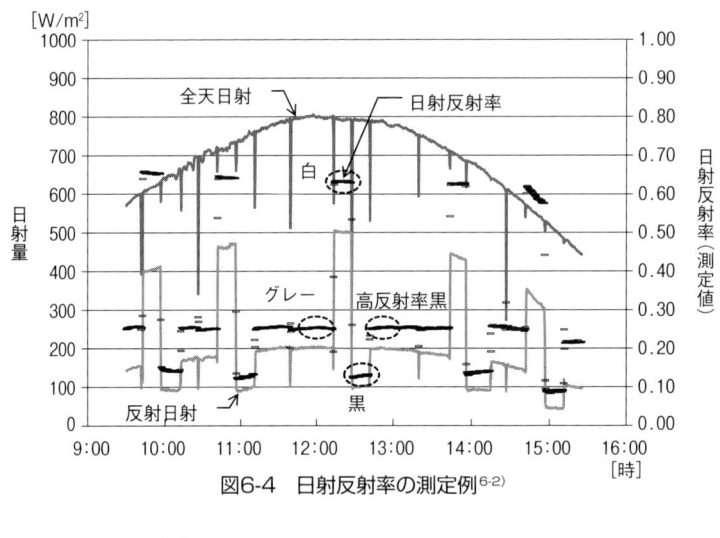

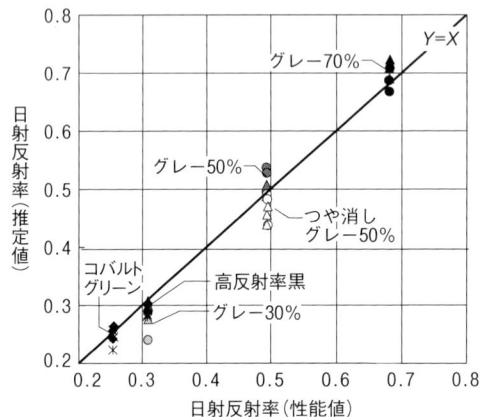

第6章 性能評価のための物性値、パラメータの測定方法

図6-4 日射反射率の測定例[6-2]

図6-5 日射反射率の性能値と二点校正法による推定値の関係[6-1]

式(6.4)に代入することで対象面自体の日射反射率(性能値)を推定することができます。

図6-5 に、日射反射率(性能値)と二点校正法による推定値の関係を示します。二点校正法による推定精度は日射反射率(性能値)±0.05 程度と考えられていますが、快晴日には、より高い精度が期待できます。

(2) 表面温度を測定し、日射反射率を算出する方法

島田ら[6-3] は折板屋根大規模建物の屋根表面の日射吸収率を測定する方法として、日射反射率が既知の白および黒の板を設置し、対象面と同時に表面温度を測定し日射吸収率 a を算出する方法を提案しています。

$$K\left(T_o - T_i + \frac{a_b I_o + \varepsilon J_e}{\alpha_o}\right) = K_2(T_b - T_i) \cdots (6.5)$$

$$K\left(T_o - T_i + \frac{a_w I_o + \varepsilon J_e}{\alpha_o}\right) = K_2(T_w - T_i) \cdots (6.6)$$

$$K\left(T_o - T_i + \frac{a I_o + \varepsilon J_e}{\alpha_o}\right) = K_2(T_s - T_i) \cdots (6.7)$$

$$K_2 = \frac{1}{\frac{1}{\alpha_i} + \frac{1}{C}} \quad \cdots (6.8)$$

K :屋根材料の熱貫流率 [W/(m²·K)]、
C :屋根材料の熱コンダクタンス [W/(m²·K)]、

6.1 高反射率化技術に関する測定方法

α_o：屋外側総合熱伝達率［W/(m²·K)］、
α_i：室内側総合熱伝達率［W/(m²·K)］、
a_w、a_b：白、黒の日射吸収率［-］、
I_o：全天日射量［W/(m²·K)］、
ε：長波放射率［-］、
J_e：夜間放射量［W/(m²·K)］、
T_o：外気温［℃］、
T_i：室温［℃］、
T_w、T_s、T_b：白、対象面、黒の表面温度［℃］

式(6.5)から(6.7)より、日射吸収率 a は、次式(6.9)で計算されます。

$$a = \frac{a_b(T_s - T_w) + a_w(T_b - T_s)}{T_b - T_w} \cdots (6.9)$$

この方法の概念を図6-6に示します。表面温度の測定法、外界の影響に注意が必要で、日射量が安定した無風に近い状態で測定インターバルを短くする必要があるとのことです。

この方法は、日射吸収率が既知の白、黒の板を用意し、対象面を含む表面温度のみを測定すればよいので、測定の手間がかからないことがメリットと考えられます。

6.1.2
放射率の測定方法

放射率の主な測定方法には、放射温度計を用いる方法と赤外分光光度計を用いる方法があります。

(1) 放射温度計を用いる方法

「JIS A 1423 赤外線放射温度計による放射率の簡易測定方法」に示されている方法です。物体の表面温度を放射温度計と熱電対のような熱電温度計で測定し、放射率を求めるものです。

この時、放射率0.95以上のつや消し黒色塗装を行った部分も作成し、未塗装部と黒色塗装部の表面温度をそれぞれの温度計で測定します。測定は恒温室で行い、測定対象物と周囲空気の温度が等しくなるように対象物の裏面から加熱する装置も必要となります。

(2) 赤外分光光度計を用いる方法

この方法のひとつに、「JIS R 3106 板ガラス類の透過率・反射率・放射率・日射熱取得率の試験方法」に示される方法があります。赤外波長域の分光反射率を測定し、垂直放射率を算出することができます。

環境省が行っている環境技術実証事業(2.3.1参照)では、この垂直放射率に「JIS R 3107 板ガラス類の熱抵抗及び建築における熱貫流率の算定方法」に示される係数を乗じて算出した修正放射率が示されています。

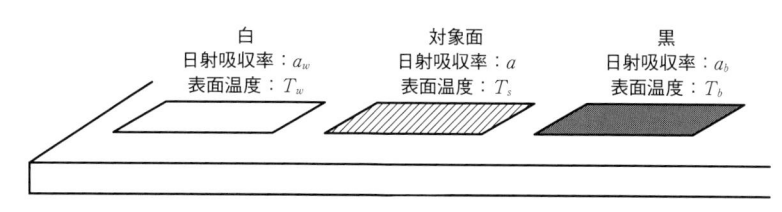

図6-6 表面温度測定による日射反射率測定の概念

第6章　性能評価のための物性値、パラメータの測定方法

6.2

緑化技術に関する測定方法

　都市や建物の緑化によるヒートアイランド緩和や空調負荷低減による省エネルギー効果については、蒸発散特性や熱収支・放射収支などの評価による、対策効果の事前検討が重要です。都市や建物の緑化による効果を検討する際には、以下に示す物性値、パラメータが必要となります。
①日射反射率、日射透過率、(放射率)
②土壌・基盤材料の熱伝導率・熱容量、(含水特性)
③蒸発散特性(蒸発散速度、蒸発効率)

　屋上緑化の植物種類の違いによる日射反射率と蒸発散特性としての蒸発効率を、屋外実験によって評価した事例[64]を図6-7に示します。これらの特性を把握することにより、緑化の有無や手法、灌水方法の違いによる効果の差を評価することが可能となります。

　以下では、緑化技術に関する物性値、パラメータの測定方法を紹介します。

6.2.1
日射反射率・透過率の測定方法

　材料の日射反射率の評価においては、室内における評価方法(分光反射特性の測定など)もありますが、特に波長別の特性を必要とすることは少ないため、アルベドメータ等による測定で評価を行う方法が一般的です(図6-8)。壁面緑化では、壁面に対する日射遮蔽効果が期待されることから、日射透過率を測定することが必要となります。

　日射透過率は、緑化面の表・裏で日射量を測定することで算出することができますが、植物の生育状況・葉面積指数により変化することから、それらを指標として整理することも重要です。

図6-8　日射反射率の測定例

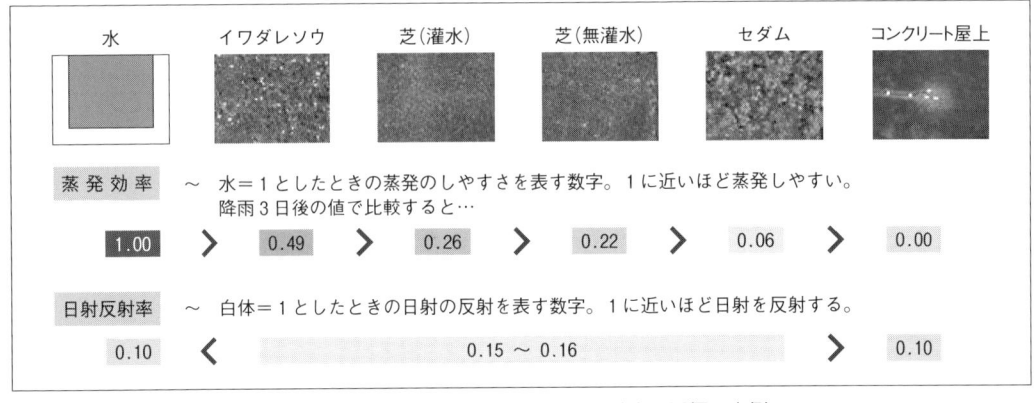

図6-7　屋上緑化の日射反射率と蒸発効率の評価の事例

6.2.2
土壌・基盤材料の熱伝導率・熱容量の測定方法

土壌や基盤材料の熱特性については、資材を提供するメーカー等により計測値が提供されるべきですが、十分なデータがないのが現状です。

室内における測定法としては、平板状の断熱材の定常測定法であるJIS A 1412-2に準拠した測定を行うこと等により、評価が可能です。屋外における実験においては、土壌や基盤材の上下2層(以上)の温度の差と熱流量の測定により熱伝導率を、上下2層(以上)の熱流量と温度の時間変化の関係から熱容量を評価する手法があります(図6-9)。

また、熱伝導率や熱容量を直接計測できる機器(例えば熱伝導率計QM500、図6-10参照)もありますので、それらの機器を用いれば、直接測定することも可能となります。

なお、熱伝導率や熱容量は、土壌や基盤材の含水状態によって値が変わるため、含水条件の違いによる値の違いについて検討する必要があります。

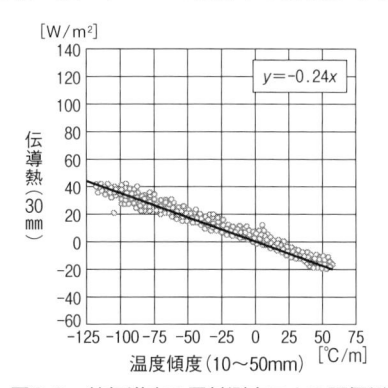

図6-9　熱伝導率の屋外測定による評価例

図6-10　ヒートプローブ式熱伝導率計

6.2.3
蒸発散特性(蒸発散速度、蒸発効率)の測定方法

緑化による効果を評価するうえでは、蒸発散速度や蒸発効率等の蒸発散特性を得る必要があります。一般的には、蒸発散特性の指標としては、蒸発効率が用いられます。

蒸発効率は、蒸発散量(蒸発速度)や表面・大気中の温度・絶対湿度などの測定から、以下の式より算出することができます[6-4]。

$$\beta = \frac{lE}{l \times \left(\dfrac{\alpha}{(L_e \times C_p)}\right) \times (x_s - x_a)} \quad \cdots (6.10)$$

β：蒸発効率 [-]、
l：蒸発潜熱 [J/kg]、
E：蒸発散速度 [kg/(m² · 時)]、
α：対流熱伝達率 [W/(m² · K)]、
L_e：ルイス数 [-]、
C_p：空気の比熱 [J/(kg · K)]、
x_s：表面温度における飽和絶対湿度 [kg/kg(DA)]、
x_a：空気の絶対湿度 [kg/kg(DA)]

しかしながら、蒸発散量(蒸発速度)や表面の水分・熱伝達特性等の実験・実測による評価が難しく、既往研究として、以下に挙げる方法で蒸発散量の測定、ならびに蒸発特性の評価が見られます。

(1) 重量法

重量法は、蒸発散量を重量変化から直接計測する方法です(図6-11参照)[6-4]。重量測定を行う部分と他の表面伝達特性を等しくするために、周囲の状況と類似した条件下で蒸発散量を計測するライシメータ的な手法が望ましいです。また、給排水条件や環境条件も周囲に合わせて行う必要があります。

第6章 性能評価のための物性値、パラメータの測定方法

図6-11 重量法による蒸発散量の測定

(2) 熱収支残差法

熱収支残差法は、熱収支各項の潜熱以外の熱収支成分を、顕熱は渦相関法(図6-12)やバルク法等により計測し、伝導熱は熱流計法等による直接測定により計測し、放射収支量の計測と併せて、熱収支式の残差として潜熱を算出し、蒸発散量とする手法[6-5]です。

この方法では、潜熱が熱収支式の残差となるため、他の熱収支成分測定の精度が重要です。

(3) SAT計法

SAT計法は、SAT計と呼ばれる測定器(試験体)を用いて評価を行う手法です。SAT計とは、本来相当外気温度を算出するための測定で用いるものですが、これを用いて表面伝達特性を算出することが可能です。

図6-13は壁面緑化においてSAT計による評価を行った事例[6-6]で、対象植物と類似した形状の模擬植物をほぼ同じ葉面積となるように断熱材に固定し、全体をつや消し黒色にて着色したSAT計を製作します。SAT計で得られた表面伝達特性(風速と対流熱伝達率の関係)を用いて壁面緑化パネルの熱収支・蒸発散特性の算出が可能となります。

(4) 土壌水分率計による方法

土壌水分率計による手法は、土壌水分量(率)を連続計測することにより、土壌水分の減少量を蒸発散量とする手法です。土壌水分量は、土壌水分率計(ADR法:図6-14、TDR法等がある)に

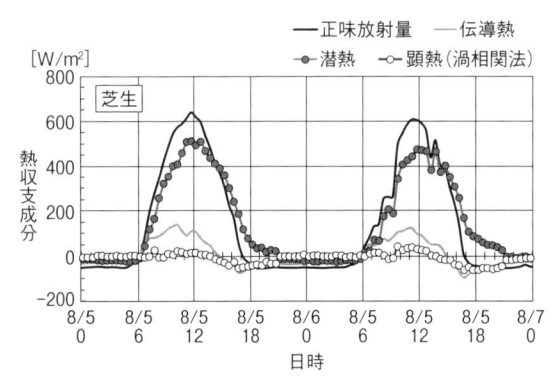

図6-12 渦相関法による熱収支測定

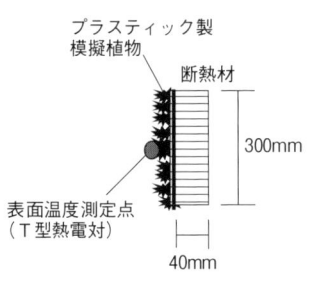

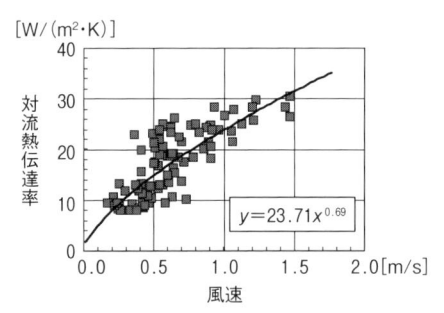

図6-13 壁面緑化SAT計による対流熱伝達率の算出例

図6-14 土壌水分率計による測定例

図6-15 Granier法による測定例

より連続測定が可能ですが、土壌の種類や根の生育状況によって、測定器の出力値と土壌水分量の関係が異なってくるため、あらかじめ校正により評価対象とする土壌や生育状態における出力値と土壌水分の関係を調べておく必要があります。

(5) 樹木の蒸散量の推定方法

樹木の蒸散は、根が土壌から吸収した水分が、針葉樹の場合は仮道管を、広葉樹の場合は道管を樹液として流れ、葉の気孔から放出される過程に基づいています。近年では、樹木の蒸散量と樹幹の樹液移動量がほぼ等しいとみなすことで、樹幹の樹液移動量で樹木の蒸散量を推定する調査が行われています。樹幹の樹液移動に関する測定方法にはヒートパルス法と茎熱収支法があります。

①ヒートパルス法

ヒートパルス法は、樹幹に挿入したヒーターから熱をパルス的に与え、熱の移動速度から樹液流速を測定する方法で歴史が長く確立された測定法ですが、熱量が多く樹木へ与えるダメージが大きくなる、という問題があります。近年では微量の熱で測定できるGranier法による測定(図6-15)が行われています。

Granier法は樹幹へ垂直かつ樹液移動方向に平行に挿入した2本の温度センサのうち、上部のセンサに内蔵されているヒーターで微量の熱を常時与え、2本のセンサ間の温度差から樹液流速を測定する方法です。蒸散量の算定には樹液の移動断面積を併せて調査する必要があります。

②茎熱収支法

茎熱収支法は茎回り全体に熱を与え、樹液移動による損失熱量から樹液移動量を測定する方法です。原理的に樹液移動断面全体を通過する水分の総量を測定で得ることができます。直径数cm程度までは測定が容易ですが、樹幹のような太い樹液移動断面では温度分布の把握が必要となります。

6.2.4
その他の効果の評価方法

緑化による温熱環境に関する効果として、クールスポットとしての暑熱環境の緩和効果や夜間における冷気のにじみ出し・冷気流の発生等の効果も期待されます。それらの評価手法には、以下に示すような方法があります。

(1) 熱環境緩和効果の測定方法(快適性評価)

緑化により、日射遮蔽や表面からの赤外放射量低減による温熱快適性の緩和(向上)の効果が期待されます。温熱快適性は、気温・湿度・放射・気流の4要素の測定を行うことで評価できます(図6-16)。放射に関しては、黒球温度計による計測以外にも、短波長・長波長別に計測することにより、効果の要因を特定することができます。

また、緑化による日射遮蔽には、紫外線(UV)を遮蔽する効果もあり、紫外線量の測定により評価することが可能です。

図6-16　緑陰における温熱4要素の測定例
気温・相対湿度はセンサ部分を白い放射シールド内に入れて測定。

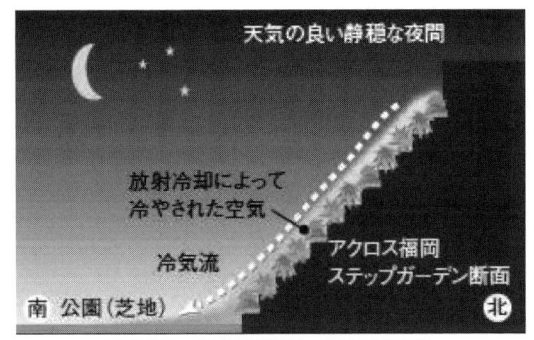

図6-17　緑化建築物における冷気流

(2) 夜間における冷気のにじみ出し、冷気流の発生に関する評価方法

都市内の緑地には、クールスポット効果として、日中における気温上昇抑制効果と併せて、夜間における冷気の生成による効果が期待されます。特に後者については、近年、冷気のにじみ出し現象や斜面冷気流の現象についても、超音波風速計等を配置することにより、現象の確認や詳細な調査が可能となりました。これにより、大規模な緑化建築物でも、冷気流の出現を確認した事例[6-7]もあります（図6-17）。

6.3 蒸発利用技術に関する測定方法

6.3.1 蒸発特性（蒸発速度、蒸発効率）の測定方法

蒸発特性を測定する方法には様々な方法が提案されていますが、ここではその代表的なものを紹介します。

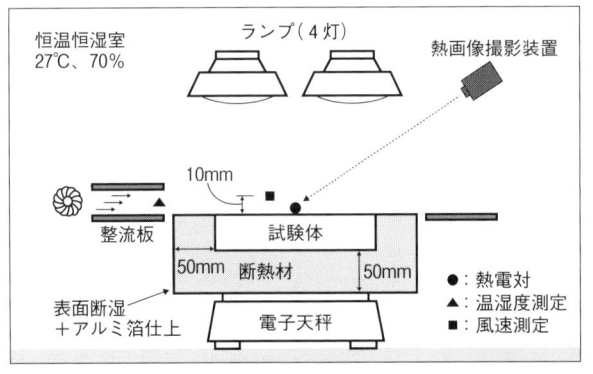

(1) 重量法

重量法は、蒸発量を電子天秤等で直接計測する方法です。材料の比較試験には、室内において試験体にランプを照射する方法が一般的です（図6-18左）。また実際の現象を捉えるためには、屋外の日射下で同様の測定をするほうが良いと言えます（図6-18右）。

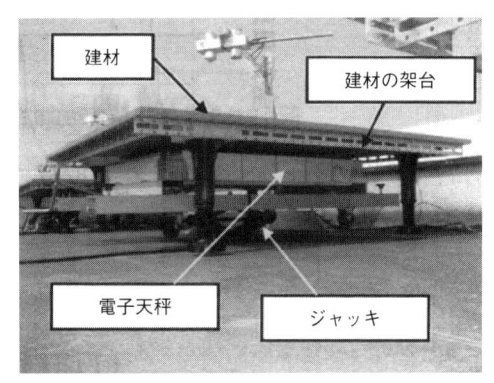

図6-18　重量法による蒸発量の測定の例（左：室内[6-8]、右：屋外[6-9]）

しかし、数 m^2 の舗装体を電子天秤で測定することは、その重量から難しい場合が多く、小さな試験体で行う方法が一般的です。その際、試験体への風圧の影響を小さくするために風除けのスロープを設置するなどの工夫が必要となります。ここで得られた蒸発速度に水の蒸発潜熱を掛ければ潜熱が得られます。

(2) 熱収支残差法

図4-1 (p.79)における各熱収支項のうち、潜熱を未知の残差として求める方法です。したがって、正味放射量、顕熱、伝導熱を精度よく測定する必要があります。正味放射量は長短波放射計で、顕熱は5.1節で示した方法で、伝導熱は熱流計等で直接測定します。

(3) ろ紙法

屋外で、十分に湿らせたろ紙からの蒸発量を測定することによって、表面の水分伝達率を推定する方法です[6-10]。水分伝達率、および別の方法で求めた測定対象面の潜熱、地表面と大気の絶対湿度差から、蒸発効率を算出することができます。

蒸発効率は飽和面からの蒸発量に対する対象面の蒸発量の割合で示され、材料の蒸発性能を比較するうえでは便利な指標です。蒸発効率の算出方法は、6.2節の緑化技術と同様です。

6.3.2
熱・水分特性値の測定方法

(1) 熱伝導率、比熱の測定方法

保水性材料は、一般的な建築材料とは異なるので、熱物性値のデータは非常に少ないのが現状です。さらに、屋外環境条件の変化に伴い、材料内の水分移動が起こり、熱物性値も刻々と変化してしまいます。

熱伝導率の測定方法としては、JIS A 1412-2のHFM法に従った熱伝導率試験等が挙げられます。含水状態によって値が変化することから、少なくとも、絶乾状態と湿潤状態で測定することが望まれます。湿潤時の測定の際は、試験体からの蒸発を防ぐための工夫が必要です。

比熱の測定方法は、断熱型熱量計を用いて行う方法が挙げられます。試験は絶乾状態のみについて行い、湿潤状態の値は含水率から計算します。

(2) 表面温度の測定方法

保水性舗装材料の表面温度の室内試験方法は、路面温度上昇抑制舗装研究会等で提案されているランプ照射法で行われます(図6-19)。

現場測定法に関しては、東京都や大阪府などの自治体が、散水の方法や測定方法について独自の評価法を定めています。測定器は、熱電対等の接触型温度計、または赤外線熱電対や放射温度計などが用いられます。放射温度計を用いる際は、放射率の設定に注意が必要です。

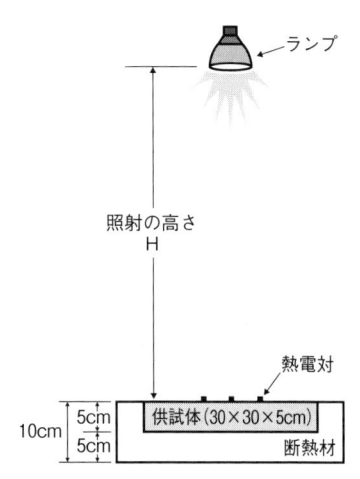

図6-19 照射試験装置(路面温度上昇抑制舗装研究会)[6-11]

(3) 保水性能の測定方法

材料の保水性を示す指標には、一般的に、保水量や、吸水性が用いられます。保水性舗装の場合は、路面温度上昇抑制舗装研究会によって、最大吸水率や給水高さの試験法が示されています。保水性平板、保水性ブロックの場合は、JIS A 5371(プレキャスト無筋コンクリート製品)附属書B.5.4.1および附属書B.5.4.2に従い、保水量、吸上げ高さの試験を行います。推奨仕様としては、保水量は $0.15 g/cm^3$ 以上、30分後の吸上げ高さは70%以上とされています。

6.3.3
日射反射率の測定方法

日射反射率は、材料個体や試験体の場合、室内では、分光光度計によって測定し、「JIS K 5602 塗膜の日射反射率の求め方」に示される方法で換算します。屋外で太陽光を用いる場合は、分光放射計で反射日射を測定します。

施工済みの場所や、試験施工区などにおいては、アルベドメータ（日射反射率計）を用いて測定します（図6-20）。ブロック舗装では、明度の高い硅砂を目地砂に使うことが多く、特に施工直後の日射反射率は、室内試験よりも高くなる傾向があるので注意が必要です。

室内、屋外のいずれにも該当する注意点として、表面の乾湿の状態によって、日射反射率が変化することが挙げられます。乾燥状態と湿潤状態の日射反射率を測定することが望ましいと言えます。

放射、気流）と人体の2要素（着衣量、代謝量）を変数にして発汗による蒸発熱損失を考慮した新標準有効温度（Standard New Effective Temperature: SET*）があります（1.3節を参照）。

WBGTは、熱中症予防のための温度指標で日本体育協会の指針では25℃以上が暑さの警戒レベルとなっています[6-12]。WBGTの屋外における計算式は第1章1.3ⓐで紹介されています。一方、SET*は発汗という人体の生理状態を考慮した温度指標なので、暑さをより体感的に評価できると考えられています。

近年では、例えばアスファルト舗装と保水性舗装の各々の歩行空間のSET*を比較することで保水性舗装による暑熱環境の緩和効果を評価することに用いられています[6-13]。温熱環境の4要素には測定値（図6-21）を、人体の着衣量には夏季の半袖シャツ姿であれば0.6clo程度を、代謝量には歩行作業であれば1.4Met程度を用います。

図6-20 日射反射率の測定
4成分放収支計の四つのセンサのうち、上下の短波放射センサがアルベドメータ。

図6-21 舗装面上の温熱4要素の測定
白い放射シールド中に気温・湿度センサ、傘の下に微風速計、黒球で放射温度を測定。

6.3.4
暑熱環境緩和効果の測定方法

表面温度が下がり、人が舗装面や壁面から受ける赤外放射量が低減されることによって、暑熱環境の緩和が期待されます。暑熱環境の評価指標には、代表的なものとして温熱環境の3要素（気温、湿度、放射）で計算するWBGT（wet-bulb globe temperature）と、温熱環境の4要素（気温、湿度、

6.3.5
保水性ブロック舗装の蒸発性能評価方法

ここでは、保水性舗装の中で保水性ブロック舗装を取り上げ、蒸発性能を評価するための試験法について考察し、その後に小型恒温恒湿槽を用いた蒸発性能試験方法を紹介します。

6.3 蒸発利用技術に関する測定方法

(1) 蒸発性能評価方法の比較

①施工された舗装区画における屋外暴露試験

実際に施工された舗装面において、温度計を設置し、表面温度を測定する方法です。試験施工された保水性舗装について、効果を検証する際に用いられています。直接的に効果を判定できる良い方法ですが、測定条件はまさに天気任せであり、同じ条件のもとで測定を繰り返すことができないことが大きな欠点です。

工業製品の試験法としては、多数の製品を同一の試験条件で評価できないので適当ではありません。

②ランプ照射を用いた室内試験

屋外の夏季晴天日の日中の気象条件に模した環境を室内に形成して、その時の表面温度を測定する方法が提案されています（図6-19参照）。太陽光の代替としてランプ（電球）照射が使われていますが、一般的なランプの波長特性は太陽光とはかなり異なっており、単純に太陽光の代替とみなすことには問題があります。また、ランプを含む試験装置を、温度・湿度を一定に制御した恒温恒湿槽内に設置して試験する必要がありますので、かなり大型の恒温恒湿槽が必要になります。

ランプの波長の問題は、太陽光に近い波長特性を持つ特殊なランプ（照明装置）を使えば解消しますが、ランプ自体が大がかりな装置です。

③日射反射性能と蒸発性能を個別に求める室内試験

保水性舗装の温度上昇抑制効果は、水分蒸発に伴う効果と、日射反射に伴う効果の二つから成り立っています。この二つの効果は、概ね独立しており、温度上昇抑制効果は、この二つの効果の足し合わせと考えることができますので、これらを分離して評価することができます。

日射反射の効果については、日射反射率を指標として表すことができ、日射反射率の試験法は、「塗膜の日射反射率の求め方（JIS K 5602）[6-14]」として試験法が確立しており、これに準じて試験を行うことができます。一方、保水性舗装に期待する主たる機能である水分蒸発については、複数の方法が提案されており、測定の精度や測定に要する時間・手間により適宜選択する必要があります。ここでは、測定の手間が小さく簡便な小型恒温恒湿槽を用いる試験方法を紹介します。

(2) インターロッキング舗装ブロックの蒸発性能試験方法

小型恒温恒湿槽内に、試験体と電子天秤を設置し、蒸発に伴う重量減少より蒸発量を測定する方法です[6-15]（図6-22参照）。夏季の気象条件を模した温度40℃、湿度50％一定の雰囲気条件の中で、十分に湿潤させた試験体の蒸発過程を計測します。

図6-23に、恒温恒湿槽試験と屋外暴露試験により得られた蒸発量を比較しました。屋外暴露試験では、事前に十分湿潤させた試験体を用い、10時から蒸発を開始し、16時まで蒸発させて、その蒸発量を電子天秤により重量変化を計測しました。この6時間の蒸発量と恒温恒湿槽内の10

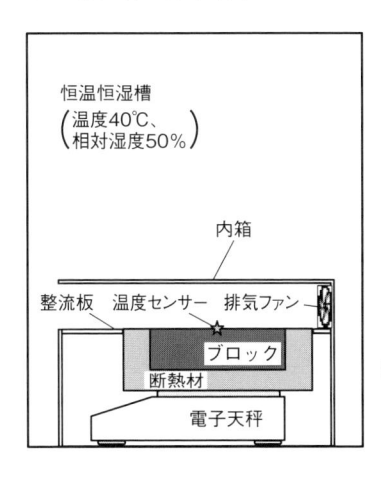

［実験の手順］
1) 試験体を、水中に24時間浸漬する。
2) 試験体の側面・底面を断熱材で覆う。
3) 蒸発を抑えるために表面をプラスチックフィルムで覆う。
4) 温度40℃、相対湿度50％の槽内に数時間置いて、試験体温度を槽内温度と同温にする。
5) 試験体表面のプラスチックフィルムを外し、蒸発を開始する。

図6-22　小型恒温恒湿槽を用いた水分蒸発量の試験
　　　（左：試験装置の概要、右：試験の手順）

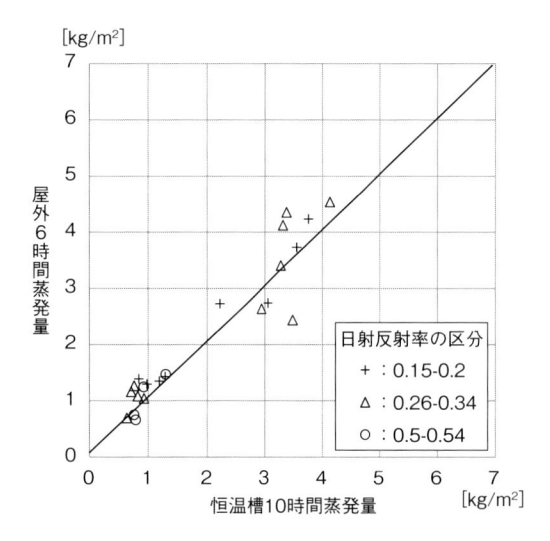

第6章　性能評価のための物性値、パラメータの測定方法

図6-23　恒温恒湿槽と屋外暴露実験による蒸発量の比較
屋外での蒸発量計測は、2012年9月13日に実施し、恒温恒湿槽試験と同じ試験体（ブロックは、表面を除き5面を断湿・断熱した）を用いた。ブロック種別は、通常ブロック6種（11個体）、保水性ブロック6種（12個体）である。日射反射率は、3区分（0.15～0.2、0.26～0.34、0.5～0.54）して示した。実験の詳細は引用文献6-16）を参照。

時間の蒸発量とを比較し、両者はほぼ同じ値になりました。屋外と恒温恒湿槽内ともに、ブロック表面温度は30～40℃と概ね同じ温度条件における実験結果ですが、屋外では日射があること、また風の影響によって1.6倍程度蒸発量が大きくなっています。ブロックごとのばらつきはあるものの、恒温恒湿槽で蒸発が大きいブロックは屋外でも蒸発が大きいという傾向が明確に現れています。

なお、ブロックの日射反射率は0.15～0.54と、暗色から明色までの範囲を含んでいますが、屋外測定の結果には、その大小によって蒸発量が影響された様子は現れていませんので、蒸発に及ぼす日射反射率の影響は小さく、蒸発試験と日射反射試験を独立に評価することについて、問題はないと言えるでしょう。

日射反射性能と蒸発性能を個別に求める試験方法では、直接的に温度上昇抑制効果を試験で求めることができないのが欠点ですが、試験で得られた性能指標から、温度上昇抑制効果を推定することができます。日射反射と蒸発性能をそれぞれ別個に試験するので、試験法は単純で、試験費用も安価になるという利点があり、さらに試験装置も小規模で済むので、製造者自身が製品を評価し、より良い製品の開発に活かすことも可能でしょう。

[引用文献]

6-1) 村田泰孝・酒井孝司ほか：高反射塗料施工面の日射反射率現場測定法に関する研究－標準板二点校正法の提案および水平面における精度確認－, 日本建築学会環境系論文集, 第632号, pp.1209-1215, 2008年.

6-2) 村田泰孝・酒井孝司・松尾陽・三木勝夫：高反射塗料を施工した水平面の日射反射率測定法に関する研究－二点校正法における表面光沢の影響について－, 太陽／風力エネルギー講演論文集2009, pp.355-358, 2009年.

6-3) 島田潔・紺野康彦・倉山千春：折板屋根大規模建物の温熱環境改善に関する研究 その7 日射吸収率の現地測定法の開発, 日本建築学会大会学術講演梗概集, D-2, pp.665-666, 2003年.

6-4) 三坂育正・石井康一郎・横山仁・山口隆子・成田健一：軽量・薄層型屋上緑化技術のヒートアイランド緩和効果の定量評価に関する研究, 日本建築学会技術報告集, No.21, pp.195-198, 2005年.

6-5) 三坂育正・成田健一・塩野修平・石井康一郎：都市内緑地における芝生・舗装面の熱収支実測, 日本建築学会大会学術講演梗概集, pp.669-670, 2007年.

6-6) 三坂育正・鈴木弘孝・水谷敦司・村野直康・田代順孝：壁面緑化植物の熱収支特性の評価に関する研究, 日本建築学会技術報告集, No.23, pp.233-236, 2006年.

6-7) 萩島理・成田健一・谷本潤・三坂育正・松島篤・尾之上真弓：大規模な階段状緑化屋根を有する建築物周辺の微気象に関する実測調査, 日本建築学会環境系論文集, No.577, pp.47-54, 2004年.

6-8) 村上哲也・萩原伸治ほか：保水性建材の性能試験に関する検討 その1 試験方法の概要, 日本建築学会大会学術講演梗概集, pp.685-686, 2011年.

6-9) 足永靖信・藤本哲夫ほか：保水性建材の屋外実験と熱水分同時移動解析 その1～4, 日本建築学会大会学術講演梗概集, pp.677-684, 2011年(写真は足永氏提供).

6-10) 成田健一・三坂育正ほか：蒸発効率を用いた保水性舗装の性能評価, 日本建築学会技術報告集, 第20号, pp.187-190, 2004年.

6-11) 路面温度上昇抑制舗装研究会（クール舗装研究会）：保水性舗装技術資料, p.10, 2011年.

6-12) 財団法人日本体育協会ホームページ, 熱中症予防のための運動指針.
http://www.heat.gr.jp/prevent/wbgt.html

6-13) 梅田和彦・深尾仁・並木裕・内池智広・長瀬公一：太陽光発電による給水方法を用いた保水性舗装に関する実験的研究, 日本建築学会環境系論文集第605号, pp.71-78, 2006年.

6-14) 日本工業規格 JIS K 5602「塗膜の日射反射率の求め方」

6-15) 崎浩二・西岡真稔ほか：保水性舗装の実用的水分蒸発モデル作成に関する研究（その2）, 日本建築学会学術講演梗概集 D-2, pp.337-338, 2008年.

6-16) 横田友和・西岡真稔ほか：保水性舗装の実用的水分蒸発モデルに関する研究（その3）, 日本建築学会学術講演梗概集 D-2, pp.943-944, 2013年.

おわりに

　クールルーフの考え方はもともと、アメリカの温暖・暑熱地域を中心に発展し、普及したものです。アメリカ英語の「クール(Cool)」には「冷たい」と言う意味に加え、「賢明な」と言う意味もあり、スマートな住まい方につながる技術であるということを意図しています。日本では高反射率塗料などの高反射率化技術がアメリカから導入され、国産製品も流通し、2000年頃から徐々に注目されるようになりました。

　一方、アメリカではほとんど考慮されていなかった水分の蒸発散に着目したクールルーフの考え方が日本で独自の発展を遂げました。これは、日本の伝統的な緑化や打ち水の技術を現代の都市に応用したものと考えることができ、屋上緑化・保水性建材・保水性舗装などの技術が新たに開発されました。このように、アメリカで生まれたクールルーフの考え方が、さらに日本で高度に発展してきたと言えます。

　当初のクールルーフ技術は屋根の高反射率化だけで比較的単純な技術でしたが、水分の蒸発散効果を応用した技術が加わり、多様化してきました。このように多様化したクールルーフ技術の応用は「適材・適所」が基本となります。この基本が守られない場合には意図した結果とならず、節電・省エネルギーとはならないなどの弊害も生じ得ます。

　例えば、一般に高反射率塗料には断熱性能向上は期待できないのですが、誤って断熱性能が向上すると考えたり、屋上緑化に過度な断熱性能を期待することは危険です。このような誤解が生じないように、また、対象とする地域や建物の種類などに応じて適切なクールルーフ技術が選択できるように、本ガイドブックをまとめました。

　日本建築学会のクールルーフ推進小委員会（あるいは、前身の小委員会）ではクールルーフ技術の検討を約10年間継続してきました。その間、シンポジウムや勉強会などを通じて、成果を主に学会会員を対象に公表してきましたが、ようやく一般の方にもわかりやすい形でまとめることができました。このガイドブックが本当に一般の方に受け入れられるかを今後も見守っていき、内容として改善すべきことや追加すべき事例を検討していきたいと考えております。また、本ガイドブックに掲載したような良い事例が多くなることを切に願う次第です。

　最後になりますが、「クールルーフ推進小委員会」のメンバーに、特に本ガイドブックをまとめるにあたり労を惜しまず、作業を進めていただいた「クールルーフ適正利用ガイドライン検討WG」のメンバーに、敬意を表したいと考えます（メンバーは次のページ）。また、事例を掲載するにあたり、ご協力頂いた方々に謝意を表します。ありがとうございました。

2013年12月

（近藤靖史）

クールルーフ推進小委員会

　近藤靖史　主査（東京都市大学）
　赤川宏幸（大林組）
　伊藤大輔（ものづくり大学）
　梅田和彦（大成建設）
　酒井孝司（明治大学）
　竹林英樹（神戸大学）
　田坂太一（建材試験センター）2012年度から
　西岡真稔（大阪市立大学）
　橋田祥子（明星大学）
　藤本哲夫（建材試験センター）2011年度まで
　松尾　陽（東京大学）2011年度まで
　三坂育正（日本工業大学）
　村田泰孝（崇城大学）
　森山正和（摂南大学）
　吉田篤正（大阪府立大学）

（協力）
　三木勝夫（三木コーティング・デザイン事務所）
　和田英男（日本塗料工業会）

クールルーフ適正利用ガイドライン検討WG

　竹林英樹　主査（神戸大学）
　赤川宏幸（大林組）
　梅田和彦（大成建設）
　近藤靖史（東京都市大学）
　酒井孝司（明治大学）
　橋田祥子（明星大学）
　三坂育正（日本工業大学）
　村田泰孝（崇城大学）

索　引

【あ】

アクアソイル　48
アクロス福岡　口絵 4，48
アサガオ　64
朝倉彫塑館　口絵 4，50
アスファルト舗装　70
アメニティ　42
アメリカ暖房冷凍空調学会　8
アルベドメータ　116，122

【い】

1 次元接地境界層モデル　101
一斉刈り込み　49，50，53
癒し　42
イワダレソウ　116
インターロッキングブロック舗装　78

【う】

雨水センサ　88
渦相関法　102，118
打ち水　78，80，83

【え】

エキスパンドメタル　58，59
エコスクール　39
エミッター　46
エルデ　58

【お】

大阪 HITEC　19
大阪ヒートアイランド対策技術コンソーシアム　19
屋外暴露耐候性　16
屋上全面緑化　46
屋上庭園　口絵 4，50，56，88
屋上緑化　口絵 1，口絵 4 ～ 5，42，45
　　　――のコスト　43
　　　――の日射反射率と蒸発効率　116
屋上緑化コーディネータ　47
温度指標　122
温度低減効果　91
温熱快適性　4，79，89，93，98，102，119
　　　――の改善効果　98
温熱快適性指標　103
温熱環境　57，75，86，94
　　　――の 4 要素　103，120，122
温冷感　7，8

【か】

階段状緑化　口絵 4，48
快適感　8，103
快適指数　8，93
開粒度アスファルト混合物　81，90
拡張アメダス気象データ　25
カラーコンクリート　89
感温性ハイドロゲル　83
乾球温度　7
環境技術実証事業　18，19，115
　　　――のロゴマーク　20
環境教育　62，64，72
環境品質　98
環境負荷　98
灌水　44
灌水装置　46
貫流熱　2，3

【き】

気化熱　78
気象シミュレーションモデル　101
　　　メソスケールの――　101
軌道緑化　口絵 5，76
給水型保水性舗装　89
給水高さ　121

索　引

郷土種　58
気流　7
近赤外域　26

【く】
空気温度　7
クールシティ中枢街区パイロット事業　19
クールスポット　42, 51, 78, 79, 119
クールペイブメント　口絵7, 2
クールルーフ　口絵1, 2
　——の効果　3
　——の性能評価　98
　——のメリット・デメリット　12
クールルーフ化　口絵1, 11
クールルーフ簡易評価システム　12
クールルーフ推進協議会　19
茎熱収支法　119
グラスウール　108
グラスパーキング　68
クロ（単位）　7
グローブ温度　110

【け】
契約電力　23
建築学会標準問題モデル　104
　戸建住宅の——　104
建築環境総合性能評価システム　19, 98
顕熱　2, 3, 9, 43, 61, 79, 95, 100
顕熱削減量　102

【こ】
恒温恒湿槽　123
光化学スモッグ　3
光沢度　16
校庭緑化　72, 74
高反射率化　16
　——の効果　17, 107, 110
　　——の試算例　107, 110
　——の留意点　17
高反射率化技術　口絵1, 2, 3, 16
　——に関する測定方法　112
　——の効果　口絵2～3

高反射率瓦　16, 18
高反射率材料　16
高反射率塗装　18, 28
高反射率塗料　16, 18
　——の性能　16
　——の施工　18
　——の普及状況　20
高反射率プレコート鋼板　16
高反射率防水シート　口絵3, 16, 18, 38, 39
高反射率舗装　口絵7, 30, 32, 70
高反射率膜　34～37
ゴーヤ　64
国立代々木競技場第一体育館　口絵2
戸建住宅　104
黒球温度　7, 89, 110

【さ】
雑用水　88
3次元数値モデル　98
3次元流体力学モデル　101
散水　3, 78, 94
散水実験　91
サントリーニ島　口絵8

【し】
紫外線　119
自然灌水　49, 50, 53, 70
自然冷房　93
湿球温度　7
湿球黒球温度　7, 103
実質日射反射率　24
実証　19
湿度　7
芝生化　口絵1, 74
芝生化駐車場　口絵7, 68
芝生舗装　70
芝生ユニット　75
シマヒイラギ　口絵4, 54
シモツケ　口絵4, 54
重回帰式　104, 107
重量法　117, 118, 120
樹液移動量　119

索　引

省エネルギー　42, 110
蒸散　119
蒸散量　65, 119
蒸発　78
蒸発効率　9, 43, 75, 99, 100, 117, 120
蒸発散　43
蒸発散速度　117
蒸発散量　87
蒸発性能　122
蒸発潜熱　78, 100, 117
蒸発速度　120
蒸発特性　120
蒸発量　120
蒸発利用技術　口絵1, 3, 78
　　——に関する測定方法　120
　　——の効果　口絵6, 78
　　——の分類　78
　　——の留意点　80
正味放射量　61, 79, 95, 100
暑熱環境　84, 94
人工排熱　2
人体熱負荷量　8
浸透水量　33
新標準有効温度　8, 101, 122

【す】

吸上げ高さ　121
水盤　83, 94
スカーレットセージ　口絵4, 54
すず風舗装整備事業　90
ステップガーデン　口絵4, 48
ステファンボルツマン定数　100
スラブ　38

【せ】

赤外分光光度計　115
赤外放射　78, 79, 88, 95
赤外放射計　61
赤外放射量　100
積載荷重　44
絶対湿度　7, 100, 117
折板屋根　口絵1, 22, 24

説明変数　107
全天日射　113
全天日射量　24
潜熱　2, 43, 61, 79, 95, 100
　　蒸発の——　78

【そ】

雑木林　72
総合的な学習　62, 72
相対湿度　7
相当外気温度　25
外断熱　99

【た】

体温調節モデル　8
体感温度　7
体感指標　7
代謝量　7, 122
太陽光発電　96
対流顕熱　3
対流熱伝達率　100, 102, 117
ダスト舗装　73
建物散水　78
建物緑化　42, 47
　　——の技術動向　45
竪ルーバー型緑化外壁システム　67
段丘状緑化　56
断熱性　7
暖房デグリーデー　107
暖房負荷　17, 23, 104

【ち】

着衣量　7, 122
駐車場緑化　68, 70
超音波風速計　102

【つ】

土ユニット　75

【て】

デグリーデー　107
電子天秤　118, 120, 123

索　引

点滴灌水　46
伝導熱　43, 61, 79, 95, 100

【と】
東京駅八重洲グランルーフ　口絵3
都市キャノピーモデル　101
都市被覆　4
　　——に関するヒートアイランド緩和効果　5
　　——の改善　98
土壌水分率計　118, 119
土壌水分量　118
都市緑化　42
　　——の効果　42
　　——の留意点　43
登はん型植物　47

【な】
なんばパークス　口絵4〜5, 56, 88

【に】
日射吸収率　65, 114
日射計　24, 112, 113
日射透過率　65, 116
日射反射性能　18
日射反射率　2, 9, 16, 65, 99, 100, 116, 123, 124
　　——の測定　112, 116, 122
日射反射率（性能値）　112, 114
日射反射率（測定値）　112, 114
日射反射率計　122
日射量　79, 100
二点校正法　112, 113
日本塗料工業会　20
認証　20

【ね】
熱汚染　2
熱画像　口絵2〜8, 28, 51, 53, 54, 63, 65, 71, 73, 74, 89, 96
熱画像撮影装置　39, 61, 76, 95, 102, 120
熱環境改善技術　42, 78
熱コンダクタンス　114
熱収支　8, 43, 95
　　——の概念図　79
　　——の測定（渦相関法による）　118
熱収支残差法　118, 121
熱収支式　8, 43, 99
　　表面熱収支モデルの——　99
熱収支成分　79, 95
熱収支モデル　99
熱帯夜　27
熱中症　7, 103, 122
熱伝達率　115
熱電対　70, 120, 121
熱伝導率　43, 100, 117, 121
熱伝導率計　117
熱負荷　108
熱容量　117

【の】
ノシバ　70, 76

【は】
パークスガーデン　56
ハーブガーデン　口絵4, 54
排水性舗装　32
培地　46
パシフィコ横浜会議センター　口絵3
パブリックベネフィット　6, 7, 79, 98
　　——の簡易評価シート　10
　　——の簡易評価ツール　9, 11
パラペット　45
パラメータ　116
バルク係数　102
バルク法　102, 118
反射日射　24, 79, 113

【ひ】
ヒートアイランド緩和効果　4, 78
　　——の評価フロー　99
　　都市被覆に関する——　5
ヒートアイランド現象　2, 98
　　——の緩和　17, 42
ヒートアイランド対策　4, 84, 98
ヒートアイランド対策ガイドライン　19

索　引

ヒートアイランド対策技術認証制度　19
ヒートアイランド対策普及支援事業　19
ヒートパルス法　119
ヒートプローブ式熱伝導率計　117
光触媒　83
微細ミスト　83
比熱　117, 121
ビバソイル　54
表面伝達特性　118
表面熱収支モデル　100

【ふ】

ファサード　67
風土林　56
不快指数　8
ふく射量　7
物性値　116
不満足者率　8, 93
プライベートベネフィット　6, 79, 104
　　——の簡易評価ツール　9, 11, 12, 104, 107
ブルーベリー　53
分光光度計　112, 122
分光反射率　26, 28

【へ】

平均放射温度　7, 103, 110
壁面基盤型緑化　47
壁面緑化　口絵4～5, 44, 47, 62, 66, 67, 118
壁面緑化パネル　118
ヘチマ　64
ヘリオトロープ　口絵4, 54

【ほ】

防根性　44
防根層　44, 45
放射温度　7
放射温度計　115
放射率　100, 115
　　——の測定方法　115
防水層　44, 45
防水立ち上がり　45
ポーラスコンクリート　76

飽和絶対湿度　100, 117
保護層　45
保水　3
保水性アスファルト舗装　78, 80
保水性建材　78, 80
保水性石材　82
保水性パネル外壁　口絵6, 96
保水性ブロック舗装　口絵6, 78, 80
保水性舗装　70, 78, 84, 86
　　——の市場動向　81
　　——の表面と断面図　90
保水性粒状材料　82
保水タイル　82
保水平板　82
保水壁　82
保水ルーバー　82

【ま】

膜構造屋根散水システム　92
マップ式　64

【み】

水道（みずみち）　83
密粒度アスファルト混合物　90
密粒度舗装　91
緑のカーテン　口絵5, 62, 64

【め】

明度　16
メソスケール　98
　　——の気象シミュレーションモデル　101
メソスケールモデル　101
メット（単位）　7

【も】

模擬植物　118
モミジヒルガオ　62
森の工房AMA　口絵4, 52

【や】

屋根工法　108
屋根散水　79, 82

131

索　引

屋根用高日射反射率塗料（JIS K 5675）　21

【ゆ】
有効温度　8

【よ】
葉面積　64
葉面積計　64
葉面積指数　116

【ら】
ライシメータ　117
ランドスケープ　56
ランプ照射法　121
乱流　102
乱流モデル　101

【り】
流水型水盤　口絵6，94
緑化可能率　69
緑化技術　口絵1，口絵4，3
　　──に関する測定方法　116
　　──の効果　口絵4〜5
緑化システム工法　45，46
緑化トレー　60
緑化パネル　66
緑化ルーバー　67

【る】
ルイス数　117
ルーバー　67
ルーフドレン　45

【れ】
冷気流　49，57，120
冷放射　93
冷房デグリーデー　107
冷房負荷　2，17，23，104

【ろ】
ロール芝工法　70
ろ紙法　121

六本木ヒルズ　口絵1
路面温度上昇抑制舗装研究会　81，121

【欧文】
ADR法　118
ASHRAE　8
CASBEE　98，103
CASBEE-HI　19，98
CET　8
clo（単位）　7
comprehensive assessment system for built environment efficiency　19
cool pavement　2
cool roof　2
cool roof rating council　19
corrected effective temperature　8
CRRC　19，20

DI　8
discomfort index　8

effective temperature　8
ET　8
ETV事業　19

Granier法　119

HFM法　121

ISO7730　8
ISO7743　7

JIS A 1412-2　117，121
JIS A 1423　115
JIS A 5371　121
JIS K 5602　21，112，122，123
JIS K 5675　16，21
JIS R 3106　115
JIS R 3107　115

LAI　64
leaf area index　64

mean radiant temperature　7
met（単位）　7

索　引

MM5　98
MRT　7, 103, 110

PMV　8, 93
PPD　93
predicted mean vote　8
private benefit　6
public benefit　6

SAT 計　118
SAT 計法　118
SET*　8, 57, 75, 101, 103, 122

standard new effective temperature　8, 122

TDR 法　118
thermal load　8
TL　8
two-node model　8

UV　119

WBGT　7, 73, 103, 122
wet bulb globe temperature　7, 122
WRF　98

口絵写真提供者一覧

■1P：
折板屋根（計2点）／村田泰孝
六本木ヒルズ／森ビル株式会社
日野市立東光寺小学校／橋田祥子
港区立港南小学校／赤川宏幸

■2-3P：
夏期実測による効果検証（計3点）／近藤靖史
集合住宅のコンクリート屋根（計2点）／村田泰孝
国立代々木競技場第一体育館（計4点）、東京駅八重洲グランルーフ（計2点）、パシフィコ横浜会議センターの屋上（計2点）／酒井孝司
高反射率防水シートの適用事例（計5点）／アーキヤマデ株式会社

■4-5P：
屋上ハーブガーデン、ハーブガーデンの熱画像、屋上を彩る植物たち（計4点）、朝倉彫塑館（計2点）、森の工房AMA（春の屋上庭園、熱画像）、日野市立日野第一中学校（計3点）／橋田祥子
アクロス福岡（計2点）／株式会社竹中工務店
森の工房AMA（全景、紅葉）／森の工房AMA
なんばパークス（計9点）／赤川宏幸
広島電鉄宇品線（計3点）／株式会社竹中土木

■6-7P：
保水性ブロック舗装（計3点）／赤川宏幸
流水型水盤散水システム（計3点）／株式会社竹中工務店
保水性パネル外壁（計2点）／梅田和彦
東京都内の構内道路（計2点）／近藤靖史
渋谷駅前交差点（計5点）／世紀東急工業株式会社
芝生化駐車場（計5点）／竹林英樹

■8P：
東京駅丸の内付近（計2点）／赤川宏幸
サントリーニ島の町並み／遠藤智行

執筆者一覧 （五十音順、所属は執筆時）

赤川宏幸（株式会社大林組）：第3章 3.3 屋上緑化 5／第4章 4.1、4.2、4.3.2、4.4 保水性舗装 1, 2, 4, 5／第6章 6.3.1～6.3.4

梅田和彦（大成建設株式会社）：第3章 3.3 校庭緑化 2／第4章 4.3.1、4.4 保水性外壁／第6章 6.2.3(5)、6.3.1～6.3.4

近藤靖史（東京都市大学）：はじめに／第1章 1.1～1.3、1.4.2／第5章 5.2／おわりに

酒井孝司（明治大学）：第2章 2.4 高反射率膜 1～7

竹林英樹（神戸大学）：第1章 1.4.1／第3章 3.3 駐車場緑化 1／第5章 5.1

田坂太一（建材試験センター）：第2章 2.3.1

西岡真稔（大阪市立大学）：第6章 6.3.5

橋田祥子（明星大学）：第3章 3.3 屋上緑化 2～4, 6、壁面緑化 1, 2、駐車場緑化 2、校庭緑化 1

藤田　茂（有限会社緑化技研）：第3章 3.2

三木勝夫（三木コーティング・デザイン事務所）：第2章 2.3

三坂育正（日本工業大学）：第2章 2.4 高反射率防水シート 1, 2／第3章 3.1、3.3 屋上緑化 1, 7、壁面緑化 3, 4、路面電車の軌道緑化／第4章 4.3.3、4.4 保水性舗装 3、散水 1, 2／第6章 6.2

村田泰孝（崇城大学）：第2章 2.1、2.2、2.4 高反射率塗料 1～4、高反射率舗装 1, 2／第6章 6.1

森山正和（摂南大学）：『クールルーフガイドブック』の刊行に寄せて

吉田篤正（大阪府立大学）：第1章 1.3

クールルーフガイドブック
都市を冷やす技術

2014年3月31日　　初版第1刷

編　集　日本建築学会
発行者　上條　宰
印刷所　モリモト印刷
製本所　イマキ製本

発行所　株式会社　地人書館
〒162-0835　東京都新宿区中町15
電話　03-3235-4422
FAX　03-3235-8984
郵便振替　00160-6-1532
e-mail　chijinshokan@nifty.com
URL　http://www.chijinshokan.co.jp/

ⓒArchitectural Institute of Japan. 2014
Printed in Japan
ISBN978-4-8052-0873-1 C3052

JCOPY　〈(社)出版者著作権管理機構 委託出版物〉
本書の無断複写は、著作権法上での例外を除き禁じられています。複写される場合は、そのつど事前に、(社)出版者著作権管理機構（電話 03-3513-6969、FAX 03-3513-6979、e-mail: info@jcopy.or.jp）の許諾を得てください。また、本書を代行業者等の第三者に依頼してスキャンやデジタル化することは、たとえ個人や家庭内の利用であっても一切認められておりません。